固废综合处置与协同利用实验指导教程

Experimental Guide for Solid Waste

Integrated Disposal & Co-Utilization

主　编　李进平　刘静欣
副主编　梅　萌　王　腾　陈　思

华中科技大学出版社
中国·武汉

内 容 摘 要

本书主要介绍了目前固废处置过程涉及的相关指标与参数、实验方法及原理、实验详细过程及注意事项、实验数据记录与计算方法等。全书共 60 个固废处置实验,包括固废处置基本指标的分析实验、资源化协同利用实验及相关综合设计实验等。本书可作为大中专院校环境、材料、化学、生物等学科相关教学和实验的指导教材,也可作为相关政府机构、环保企业、环境检测机构等的科研人员、生产者和管理人员的参考用书。

图书在版编目(CIP)数据

固废综合处置与协同利用实验指导教程/李进平,刘静欣主编.—武汉:华中科技大学出版社,2022.3

ISBN 978-7-5680-8022-4

Ⅰ.①固… Ⅱ.①李… ②刘… Ⅲ.①固体废物处理-实验-教材 ②固体废物利用-实验-教材
Ⅳ.①X705-33

中国版本图书馆 CIP 数据核字(2022)第 064998 号

固废综合处置与协同利用实验指导教程　　　　　　　　　李进平　刘静欣　主编
Gufei Zonghe Chuzhi yu Xietong Liyong Shiyan Zhidao Jiaocheng

策划编辑:金 紫 杜 雄
责任编辑:叶向荣
封面设计:原色设计
责任校对:刘 竣
责任监印:朱 玢
出版发行:华中科技大学出版社(中国·武汉)　　　电话:(027)81321913
　　　　　武汉市东湖新技术开发区华工科技园　　　邮编:430223
录　　排:华中科技大学惠友文印中心
印　　刷:武汉开心印印刷有限公司
开　　本:850mm×1060mm　1/16
印　　张:15.75
字　　数:326 千字
版　　次:2022 年 3 月第 1 版第 1 次印刷
定　　价:49.80 元

前　　言

　　废物是指人类在生产、消费、生活和其他活动中产生的丧失原有利用价值或者虽未丧失原有利用价值但被抛弃或放弃的固态、半固态或置于容器中的气态物品、物质，以及根据法律、行政法规规定纳入固体废物管理的物品、物质。固体废物主要包括工业废渣、垃圾、炉渣、污泥、破损器皿、残次品、动物尸体、变质食品、畜禽粪便、农林废弃物等。这些废物可以成为原材料、燃料等，这是固体废物资源化利用的基础。

　　2021年1月1日起，我国禁止以任何方式进口固体废物，禁止我国境外的固体废物入境倾倒、堆放、处置。

　　社会化的生产、分配、交换、消费环节都会产生固体废物。从固体废物与环境、资源、社会的关系角度分析，固体废物具有污染性、资源性和社会性。

　　固体废物如果未经无害化处理且随意堆放，将随天然降水或地表径流进入河流、湖泊，长期淤积，使河流、湖泊水面缩小；其有害成分也会进入土壤和地下水，造成更大、更持久的危害。我国个别城市的垃圾填埋场周围地下水的总细菌数、重金属含量等污染指标严重超标。

　　固体废物的处置通常是指通过物理、化学、生物、物化或生化方法使固体废物适合运输、贮存、利用的过程。固体废物处置（以下简称固废处置）的目标是无害化、减量化、资源化。处置方式是把固体废物转化为资源和能源，暂时不能利用的则经压缩和无害化处理后转化为终态固体废物。采用的方法包括压实、破碎、分选、固化、焚烧、生物处理等。

　　固废处置技术是近年兴起的热门研究领域。一直以来，固废处置领域涉及面广、内容庞杂，在实验规范和标准方面缺少完整系统的指导教程，因此编写并出版一本固废处置领域较为全面的实验指导教程有其必要性。本书内容涵盖当前固废处置领域的重要基础实验和诸多综合性利用的代表性实验，也包括作者本人的课题组长期积累并总结的一些实验方法和内容。本书还讲解了最新的固废处置领域实验技术和方法，是一本较为全面的综合性实验指导教程，适合环境科学与工程专业学生及环境领域专业技术人员使用，有较强的针对性和实用性。

　　本书试图尽可能详细地提炼总结固废处置实验技术和方法，希望对读者有帮助。但由于固废处置及资源综合利用技术的多样性和复杂性，且当前很多技术尚处于实验阶段，本书难以概括齐全，在此希望广大专家和读者不吝赐教，提出宝贵意见，也希望国内外同行在参考本书过程中结合实际情况进行取舍。

　　在本书的编写过程中，刘静欣、梅萌、王腾、陈思等参与了多个章节的编写，王瀚林、钟梦琪、柯志坚、杜沛雨、卢萌、龚志强、张彬、江启豪等参与了部分资料的收集和数据的整理。作者还参考了一些多年从事教学、科研、生产工作的同志撰写的教材、著作、论文等文献，在此一并表示感谢。由于时间仓促，本书难免存在不足之处，敬请读者批评指正。

李进平

2021 年 12 月

目　　录

实验一 固体废物破碎实验

(一)实验目的

本实验为验证性实验。通过学习固体废物破碎实验,可初步了解破碎技术的原理和特点,掌握固体废物破碎设备和流程的相关知识。

(二)实验原理

固体废物破碎是利用外力克服固体废物质点间的内聚力而使大块固体废物分裂成小块的过程。粉碎是使小块固体废物颗粒分裂成细粉的过程。固体废物破碎和粉碎的目的如下。

(1)不均匀的固体废物经破碎和粉碎之后,粒度变小且均匀,可提高焚烧、热解、熔烧、压缩等作业的稳定性和处理效率。

(2)堆积密度变小,体积变小,便于压缩、运输、贮存、高密度填埋和加速覆土还原。

(3)原来联生在一起的矿物或联结在一起的异种材料等被分离,便于分选、拣选并回收有利用价值的物质和材料。

(4)防止粗大、锋利的固体废物损坏分选、焚烧、热解等设备或炉腔。

(5)为固体废物的下一步加工和资源化做准备。

在工程设计中,破碎比常采用固体废物破碎前的最大粒度(D_{max})与破碎后的最大粒度(d_{max})之比来计算,这一破碎比称为极限破碎比。

(三)实验装置和仪器

破碎固体废物常用的破碎机类型有颚式破碎机、冲击式破碎机、辊式破碎机、剪切式破碎机、球磨机及特殊破碎机等。本实验采用的是颚式破碎机。

颚式破碎机是一种古老的破碎设备,但是由于具有构造简单、工作可靠、制造容易、维修方便等优点,所以至今仍被广泛应用。

颚式破碎机通常按照可动颚板(动颚)的运动特性来分类。工业中应用最广的主要有以下两种类型:动颚做简单摆动的双肘板机构(简摆式)的颚式破碎机,动颚做复杂摆动的单肘板机构(复摆式)的颚式破碎机。近年来,液压技术在破碎设备上得到应用,出现了液压颚式破碎机。颚式破碎机如图 1-1 所示。

图 1-1 颚式破碎机

(1)简单摆动颚式破碎机。

图 1-2 为简单摆动颚式破碎机的构造图。它主要由机架、工作机构、传动机构、保险装置等组成。皮带轮带动偏心轴旋转时,偏心顶点牵动连杆上下运动,也就牵动前、后推力板做舒张及收缩运动,从而使动颚时而靠近固定颚、时而离开固定颚。动颚靠近固定颚时,对破碎腔内的物料进行压碎、劈碎或折断。破碎后的物料在动颚后退时靠自重从破碎腔内落下。

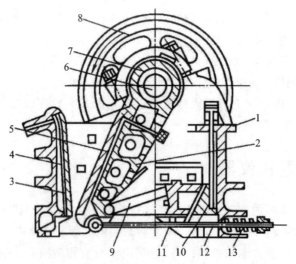

1—机架;2—破碎齿板;3—侧面衬板;4—破碎齿板;5—可动颚板(动颚);6—心轴;
7—飞轮;8—偏心轴;9—边杆;10—弹簧;11—拉杆;12—楔形调节块;13—后推力板

图 1-2 简单摆动颚式破碎机构造图

（2）复杂摆动颚式破碎机。

图 1-3 为复杂摆动颚式破碎机的构造图。从构造上看,复杂摆动颚式破碎机与简单摆动颚式破碎机的区别是复杂摆动颚式破碎机少了一根心轴,动颚与连杆合为一个部件,没有垂直连杆,只有一块肘板。可见,复杂摆动颚式破碎机动颚的运动较复杂,动颚在水平方向运动,在垂直方向也运动,故称其为复杂摆动颚式破碎机。

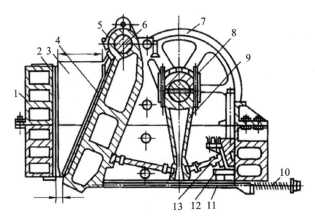

1—机架;2—可动板;3—固定颚板;4、5—破碎齿板;6—偏心转动轴;7—轴孔;8—飞轮;9—肘板;
10—调节楔;11—楔块;12—水平拉杆;13—弹簧

图 1-3　复杂摆动颚式破碎机构造图

复杂摆动颚式破碎机的优点是破碎产品较细,破碎比大(一般可达 4～8,简单摆动颚式破碎机只能达 3～6)。规格相同时,复杂摆动颚式破碎机比简单摆动颚式破碎机破碎能力高 20%～30%。

颚式破碎机主要用于破碎各种中等硬度的岩石、矿石和固体废物,是冶金、环境、建材、化工等行业及相关实验室中的重要设备。

本实验采用的 EP60×100 型破碎机是复杂摆动颚式破碎机,要求被破碎物料的抗压强度不超过 1500 kg/cm³,其技术参数如表 1-1 所示。

表 1-1　EP60×100 型破碎机主要技术参数

型号	最大进料尺寸	排料口尺寸	主轴转速	生产能力	配套功率	额定电压	机器质量
EP60×100	50 mm	1～8 mm	360 r/min	0.15～0.5 t	1.5 kW	380 V	135 kg

（四）实验内容和步骤

（1）自备 0.5 kg 左右的典型城市生活垃圾、工业垃圾、建筑垃圾等固体废物。

（2）分选可以用颚式破碎机破碎的固体废物,最大尺寸小于 50 mm。

（3）根据破碎机使用说明,确定实验步骤。

(4)启动破碎机数分钟后,将固体废物投入破碎机进行破碎。观察固体废物破碎前后的尺寸和表面变化,并对固体废物破碎前后体积和质量进行详细的记录。

(5)将破碎样品收集,用孔径 2 mm 的筛子进行筛分。

(6)根据实验数据进行计算,完成实验报告,并对实验结果进行讨论,分析误差产生原因,并提出改进意见与建议。

(五)注意事项

(1)破碎机安装必须牢靠、平整,以防固体废物受力不均。

(2)试车前必须检查破碎机的各个紧固件是否紧固,用手转动皮带轮观察其是否灵活。如发现不正常情况,应查明原因并予以排除,方可试车。

(3)试车必须空载,空载试车时旋动小手轮以检查调节机构是否灵活、有无润滑油,空载试车 10 min,无异常现象方可使用。

(4)被破碎固体废物的硬度最好不要超过中等硬度,以免加快破碎机零件的损坏速度。

(5)为了出料方便,安装时可适当提高整机的安装高度。

(六)实验数据与计算结果

(1)根据实验过程的数据记录,对固体废物破碎前后堆积密度及其变化、体积减小百分比、破碎比进行计算。

(2)计算筛下物质量占总质量的百分比。

数据的记录及部分数据的计算结果填入表 1-2 及表 1-3。

表 1-2　固体废物破碎前后实验数据及计算结果记录表

状　态	总质量/g	总体积/mL	堆积密度/(g/cm³)	最大粒径/mm
破碎前				
破碎后				

表 1-3　筛上物及筛下物数据及计算结果记录表

物料	总质量/g	总体积/mL	堆积密度/(g/cm³)
筛上物			
筛下物			

(七)问题与讨论

(1)简述颚式破碎机的特点。

(2)简述固体废物破碎前后堆积密度及其变化、体积减小百分比、破碎比的计算方法。

(3)提出实验改进意见与建议。

实验二　筛分法测定固体物料粒度分布

(一)实验目的

(1)学会用筛分法测定固体物料粒度分布。
(2)学习绘制物料粒度特性曲线。
(3)了解和掌握筛分法测定物料粒度分布的实验技术。
(4)了解目与筛孔尺寸的换算关系。

(二)实验原理

用筛分的方法将物料按粒度分成若干级别的粒度分析方法称为筛分分析法,简称筛分法。筛分法的依据是物料是否通过筛子的筛孔,物料在筛分时可能以不同的方式通过筛孔,在大多数情况下,物料的长度不会限制物料通过筛孔,决定物料是否能通过筛孔的是物料的宽度。因此,物料的宽度与筛孔尺寸联系最密切。

筛分是一种古老且应用广泛的粒度测定技术。筛分时,物料通过一套已校准筛网的套筛被筛分,套筛的筛孔尺寸由顶筛至底筛逐渐减小,套筛装在具有振动和摇动功能的振筛机上,振筛一段时间后,物料被筛分成一系列粒度间隔或粒级。如套筛有 n 个筛子,可将物料分成 $n+1$ 个粒级,各粒级以相邻两个筛子的筛孔尺寸差表示。

粒度是指物料颗粒的尺寸,一般以颗粒的最大长度来表示。网目与标准筛的筛孔尺寸有关。在泰勒标准筛中,所谓网目就是 2.54 cm(1 英寸)长度筛网中的筛孔数目,简称为目。例如,200 目的筛子,是指这种筛子每 2.54 cm 长度的筛网中有 200 个筛孔,其筛孔尺寸为 0.075 mm(网目越少,筛孔尺寸越大)。细度为 200 目占 70%,即表示小于 0.075 mm 的粒级含量占 70%。粒度与目的关系为:

$$粒度=\frac{0.0143}{目}$$

如超微米为 1250 目,其粒度为 0.0143/1250 = 11.44 μm;纳米定义是小于 100 nm,则目数为:0.0143÷(100×10⁻⁹) = 1.43×10⁵(即 14.3 万目)。目与筛孔尺寸的换算关系见表 2-1。

表 2-1　目与筛孔尺寸的换算关系

目	筛孔尺寸/mm	目	筛孔尺寸/mm	目	筛孔尺寸/mm	目	筛孔尺寸/mm
2.5	8.00	12	1.40	60	0.250	270	0.053
3	6.70	14	1.18	65	0.212	325	0.045
4	4.75	16	1.00	80	0.180	400	0.038
5	4.00	20	0.85	100	0.150	500	0.031
6	3.35	24	0.71	115	0.125	600	0.025
7	2.80	28	0.60	150	0.106	800	0.019
8	2.36	32	0.50	170	0.090	1000	0.015
9	2.00	35	0.425	200	0.075	1500	0.010
10	1.70	48	0.300	250	0.063	3000	0.005

(三)实验仪器及材料

(1)标准套筛,如图 2-1 所示;
(2)振筛机,如图 2-2 所示;
(3)分析天平(图 2-3)、秒表、橡皮布、铲子;
(4)待筛物料。

图 2-1　标准套筛

图 2-2　振筛机

（四）实验内容和步骤

（1）将已烘干的物料混合均匀，用四分法缩分取样，称取 500 g 试样。

（2）将标准套筛的筛子按孔径由大至小的顺序叠放好，并装上筛底，将试样倒入最上层筛子，盖上筛盖，安装在振筛机上。

（3）启动振筛机，振动 3 min，取下筛子。

（4）分别称量各层筛面上和筛底中的试样质量并记录数据。

（5）检查各层筛面上的试样质量总和与原试样质量之差，若误差超过 2%，须重新进行实验。

图 2-3　分析天平

（五）注意事项

（1）对试样进行筛分时，试样的物理性质（如表面积、含水量等）对筛分效率有较大的影响，因此在筛分前应对试样进行处理，使其达到筛分要求。

（2）筛分法所测定的粒度分布还受下列因素影响：筛面的开口面积及总面积、筛孔的尺寸偏差、筛子的磨损程度，试样颗粒位于筛孔处的概率、筛面上试样颗粒的数量，振动筛子的方法、筛分的持续时间等。不同筛子和不同操作都对实验结果有影响，因此实验前应仔细检查实验装置和仪器的状态，并按要求进行操作。

（3）取样误差、试样筛分时的丢失、筛分后称量的误差等也会使实验结果出现误差，因此实验时应注意这三个环节的操作。

（六）实验数据与计算结果

（1）记录、计算表 2-2 所列项目。

（2）根据表 2-2 数据绘制物料粒度特性曲线、正负累积粒度特性曲线和半对数粒度特性曲线。

（3）根据所绘制的粒度特性曲线，得出下列数值：

①该试样的最大粒度；

②小于 160 目粒级的产率；

③大于 120 目粒级的产率；

④160～120 目粒级的产率。

表 2-2　筛分结果记录与计算表

粒级/目	质量/g	产率/(%)	正累积产率/(%)
80			
80～120			
120～160			
160～200			
200			
合计			

(七)问题与讨论

(1)在正负累积粒度特性曲线中,两条曲线的交点对应的产率是多少？为什么？

(2)试绘制产率-粒度半对数粒度特性曲线。

实验三　垃圾三组分(水分、挥发分、灰分)及热值测定

(一)实验目的

为了有效管理固体废物和确定合理的处置方法,分析固体废物的性质是不可或缺的第一步。

固体废物的物理性质包括组分、含水率和容重等,是选择压实、破碎、分选等预处理方法的主要依据。

固体废物的化学性质包括水分、挥发分、灰分、元素组成和发热值等,是选择堆肥、发酵、焚烧、热解等处理方法的重要依据。

固体废物的生物化学性质包括生物性污染物的组成、有机组分的可生化性等,其中有机组分的可生化性是选择生物处理方法和确定处理工艺的主要依据。

固体废物的上述诸多性质中,三组分(水分、挥发分、灰分)和热值是最基本的参数。本实验的目的如下:

①了解固体废物性质分析的目的和意义;

②掌握固体废物制样、三组分和热值测定的方法。

(二)实验原理

先使已知质量的标准物质(苯甲酸)在热量计弹筒内燃烧,求出热量计的热容量(即量热体系温度升高 1 K 所需的热量,单位为 J/K);然后使被测物质在同样条件下,在氧弹热量计内燃烧,测量量热体系温度升高数值。根据所测数值及热量计的热容量,即可求出被测物质产生的热量(即热值)。量热体系指在测量过程中发生的热效应所能分布到的部分,包括量热容器、氧弹、搅拌器、温度计的一部分。当测量条件有变化时,如热量计零件被更换或修理、温度计被更换、室温与上次测定热容量时室温相差超过 5 ℃ 或者热量计移到别处等,均应重新测定热量计的热容量。

设被测热量计的热容量时,标准物质所产生的热量为 Q(单位为 J),量热体系温度升高 Δt(单位为 K),则热量计的热容量 E(单位为 J/K)按下式计算:

$$E = Q/\Delta t$$

设被测物质产生的热量为 Q,量热体系温度升高 Δt,热量计的热容量为 E,则被测物质产生的热量 Q 按下式计算:

$$Q = E \times \Delta t$$

(三)实验仪器及材料

(1)恒温干燥箱(室温至 200 ℃);

(2)架盘天平(精度:5 g),分析天平(精度:0.001 g);

(3)240 目标准筛 1 个;

(4)马弗炉 1 台(室温至 1000 ℃),如图 3-1 所示;

(5)氧弹热量计 1 台,如图 3-2~图 3-4 所示;

(6)坩埚若干个;

(7)干燥器 1 个;

(8)研钵 1 个;

图 3-1　SX2-2.5-10 GJ 分体式箱式马弗炉　　　　图 3-2　氧弹热量计

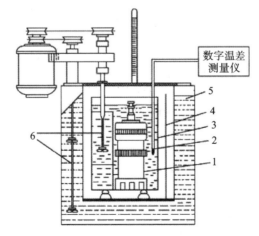

1—氧弹;2—数字温差测量仪(兼有数显控制器的功能);3—内筒;4—抛光挡板;
5—水保温层;6—搅拌器

图 3-3　氧弹安装示意图

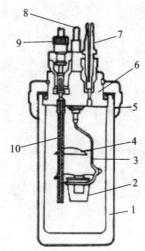

1—厚壁圆筒；2—燃烧皿；3—导管；4—火焰遮板；5—螺帽；6—弹盖；7—排气孔；
8—电极；9—进气孔；10—电极兼进气管

图 3-4   氧弹内部构造图

(9)固体废物试样；

(10)压片机 1 台。

(四)实验内容和步骤

1.三组分测定

1)物理组分组成

(1)取试样 25～50 kg,按照如下分类方式进行粗分拣。

①有机物。

②无机物:灰土、砖瓦、陶瓷。

③可回收物:纸类、塑料、橡胶、纺织物、玻璃、金属、木、竹。

(2)将粗分拣后的试样过 10 mm 筛,对筛上物进行细分拣,对筛下物按其主要成分分类,无法分类的为混合类。

(3)计算各物理组分组成。

$$C_i = M_i/M \times 100\%$$

式中,C_i——各物理组分含量;

M_i——各物理组分质量;

M——试样质量。

2)水分

(1)将试样破碎至粒径小于 15 mm 后,置于干燥箱中,在(105 ± 10) ℃条件下烘

4～8 h,冷却后称量。

(2)烘 1～2 h,再称量,直至质量恒定。

(3)计算含水率。

3)容重

将试样装满有效高度 1 m、容积 100 L 的硬质塑料圆桶,稍加振动但不压实,称取并记录质量,重复 2～4 次后,按下式计算容重:

$$容重 = (1000/ 称量次数) \times \sum [每次称量质量 /100]$$

式中,容重单位为 kg/m^3;

每次称量质量单位为 kg。

4)灰分、挥发分

灰分是指试样在 815 ℃条件下灼烧而产生的灰渣量。在 815 ℃温度下,试样中的有机物质均被氧化,金属也成为氧化物,损失的质量就是试样中的可燃物质量,即挥发分的质量。

(1)称量并记录每个坩埚质量。

(2)将粉碎后的试样充分混合后,在每个坩埚中加入适当的试样,分别称量并记录质量。

(3)将盛放有试样的坩埚放入马弗炉,在 815 ℃条件下灼烧 1 h,然后冷却,分别称量并记录质量。

(4)按下式分别计算灰分含量,结果取平均值:

$$A = (R - S)/(S - C) \times 100\%$$

式中,A——试样的灰分含量(%);

R——在 815 ℃条件下灼烧后的坩埚和试样质量;

S——灼烧前坩埚和试样质量;

C——坩埚的质量。

(5)挥发分含量为 $1 - A$,单位为%。

2. 热值测定

(1)试剂和材料。

①苯甲酸:已知热值,其热值经国家计量司检定。

②点火用的金属丝(铁、镍、铂、铜):直径小于 0.2 mm,切成长度为 80～120 mm 的若干段(具体长度依据氧弹内部构造和点火系统确定),再把等长的 10～15 根金属丝同时放在天平上称重,计算出每根金属丝的平均质量。

③氧气:不应含有氢和其他可燃物,禁止使用电解氧。

④酸洗石棉。

(2)操作步骤。

①用研钵将苯甲酸晶体研细,在 100～105 ℃恒温干燥箱中烘 3～4 h,冷却到室

温,放在称量瓶中,在盛有硫酸的干燥器中干燥,直到每 1 g 苯甲酸的质量变化不大于 0.0005 g 时为止。称取 1.0～1.2 g,用压片机压成苯甲酸片(不应压点火线),再称准至 0.0002 g,放入坩埚中。在使用石英坩埚时,为避免其破裂,可用酸洗石棉将坩埚垫充,将苯甲酸片放在石棉之上。

②在氧弹中加入 10 mL 蒸馏水,把盛有苯甲酸片的坩埚固定在坩埚架上,再将一根点火线的两端固定在两个电极上,其中间部分放在苯甲酸片上。点火线勿接触坩埚(可预先检查),拧紧氧弹上的弹盖,然后通过进气管缓慢地加入氧气,直到氧弹内压力为 25～30 大气压。氧弹不应漏气,如有漏气现象,应找出原因并予以修理。

③将充有氧气的氧弹放入量热容器(内筒)中,加入蒸馏水约 3000 g(误差小于 0.5 g),加入的水应高于氧弹进气阀螺帽高度的 2/3 处。如以量体积代替称重,必须按不同温度时水的密度加以校正(应事先做出校正表)。

④蒸馏水的温度应根据室温和外筒水温来调整,在测定开始时外筒水温与室温相差不得超过 0.5 ℃。当使用热容量较大的热量计时,内筒水温应比外筒水温低 0.7 ℃左右;当使用热容量较小的热量计时,内筒水温应比外筒水温低 1 ℃左右。

⑤将测温探头插入内筒,注意测温探头和搅拌器均不得接触氧弹和内筒。

⑥整个实验主要分为以下三个阶段。

初期:观测和记录周围环境与量热体系在实验开始温度下的热交换关系,每半分钟读取一次温度,共读取十一次,得出十个温度差。

主期:燃烧定量的试样,产生的热量传给热量计,使热量计装置的各部分温度一致。在初期最后一次读取温度的瞬间,按下点火控制键点火(点火时的电压应根据点火线的粗细确定。点火线与两极连接好后,不放入氧弹内),然后开始读取主期的温度,每半分钟读取一次温度,直到温度不再上升而开始下降时,最后一次读取温度。

末期:观测和记录周围环境与量热体系在实验终了温度下的热交换关系,每半分钟读取一次温度,共读取十次。

⑦停止观测温度后,从热量计中取出氧弹,用放气帽缓缓压下放气阀,在 1 min 左右放尽氧弹中的气体,拧开并取下弹盖,测量未燃尽的点火线长度,计算点火线实际消耗的质量。随后仔细检查氧弹,如其中有黑烟或未燃尽的试样微粒,此试样应作废。如果未发现这些情况,则用 150～200 mL 蒸馏水洗涤氧弹内各部分、坩埚和进气阀,将全部洗弹液和坩埚中的物质收集到洁净的烧杯中。

⑧用干布将氧弹内外表面和弹盖擦拭干净,最好用热风将弹盖及零件吹干。

⑨将盛洗弹液和坩埚中物质的烧杯加盖微沸 5 min,加两滴 1% 酚酞指示剂,再加 0.1 mol/L 氢氧化钠溶液直到烧杯中的液体变为粉红色,并保持 15 s 不变。

⑩热值的测定不得少于 5 次,每两次测定结果的误差不应超过 40 J,如果前四次测定结果的误差不超过 20 J,可以省去第 5 次测定,取前四次测定结果的算术平均值作为最后结果。

(五)注意事项

(1)压片时应将金属丝压入苯甲酸片内。

(2)氧弹充完氧气后一定要检查,确保其不漏气,并用万用表检查其两极间是否通路。

(3)将氧弹放入热量计前,一定要检查点火控制键是否位于"关"的位置。点火结束后,应立即将其关上。

(4)氧弹充氧气的操作过程中,人应站在氧弹侧面,以免氧弹在意外情况下弹盖或阀门向上冲出,造成危险。

(六)实验数据计算

热值测定结果按下列公式计算:

$$K = (Qa + gb + 1.43 \times 4.18 \times C)/\Delta t$$

式中,K——热量计的热容量(J/K);

Q——苯甲酸的热值(J/g);

a——苯甲酸质量(g);

g——点火线的燃烧热(J/g);

b——实际消耗的点火线质量(g);

1.43——相当于 1 mL 的 0.1 mol/L 氢氧化钠溶液的硝酸的生成热和溶解热;

C——滴定洗弹液所消耗的 0.1 mol/L 氢氧化钠溶液容积(mL)。

热量计热交换校正值 Δt,按以下公式计算:

$$\Delta t = (V + V_1) \times m/2 + V_1 \times r$$

式中,V——初期温度速度;

V_1——末期温度速度;

m——在主期中每分钟温度上升不小于 0.3 ℃的间隔数,第一个间隔不管温度升多少都计入 m 中;

r——在主期中每分钟温度上升小于 0.3 ℃的间隔数。

(七)问题与讨论

(1)在本实验的装置中,哪部分是燃烧反应体系? 燃烧反应体系的温度和温度变化能否被测定? 为什么?

(2)在本实验的装置中,哪部分是测量体系? 测量体系的温度和温度变化能否被测定? 为什么?

(3)在使用氧气钢瓶时,应注意哪些规则?

实验四 易燃固体废物燃烧速度测定

（一）实验目的

（1）学会使用固体燃烧速度测定仪测定样品的燃烧速度。

（2）学会根据燃烧速度的数值评价易燃固体废物的相对危险性。

（二）实验原理

用气体火焰点燃样品，观察样品燃烧时是否带着火焰或冒烟传播。如果在规定的时间内出现上述情况，那么进行下一步实验，用同样的方法点燃样品，通过测定规定长度样品的燃烧时间来确定样品的燃烧速度。易于燃烧的固体（金属粉末除外），如燃烧时间小于 45 s 并且火焰通过湿润段，应划入 Ⅱ 类包装。金属或合金粉末，如反应段在 5 min 以内蔓延试样的全部长度，应划入 Ⅱ 类包装。易于燃烧的固体（金属粉末除外），如燃烧时间小于 45 s 并且湿润段阻止火焰传播至少 4 min，应划入 Ⅲ 类包装。金属或合金粉末，如反应段在 5～10 min 内蔓延试样的全部长度，应划入 Ⅲ 类包装。

（三）主要实验仪器及材料

（1）主要实验仪器。

固体燃烧速度测定仪、2 kg 液化气罐。

固体燃烧速度测定仪的样品盛装模具示意图如图 4-1 所示，模具装样品部分的尺寸为长 250 mm、深 10 mm、宽 20 mm。

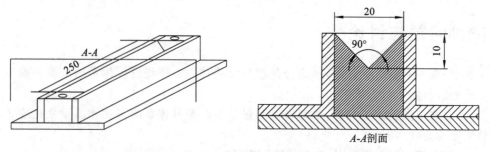

图 4-1 样品盛装模具示意图（单位：mm）

固体燃烧速度测定仪的样品燃烧台示意图如图 4-2 所示。

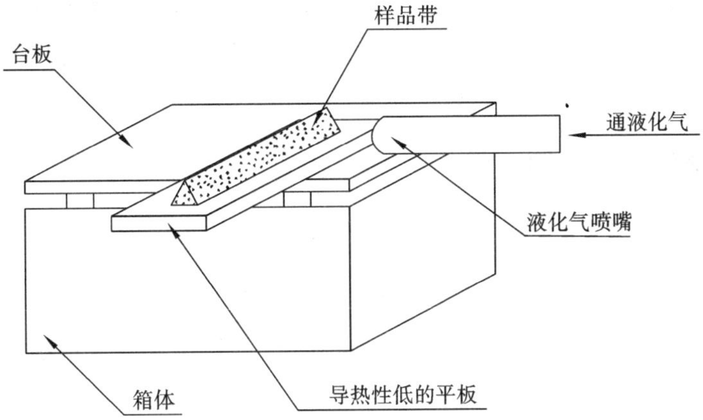

图 4-2　样品燃烧台示意图

（2）实验材料：金属镁粉，冰片。

（四）实验步骤

1. 初步甄别实验

将样品松散地装入模具，然后让模具从 20 mm 高处跌落在硬表面上三次。在模具顶上安放冷的不渗透、低导热的平板，把模具及平板倒置，拿掉模具，把平板放到燃烧台上。用液化气喷嘴（最小直径 5 mm）喷出的高温火焰（最低温度 1000 ℃）灼烧样品带的一端，直到样品点燃，灼烧时间最长为 2 min（金属或合金粉末为 5 min）。应注意反应段在 2 min（金属或合金粉末为 20 min）内是否沿着样品带蔓延 200 mm。如果是，则应进行下一步的燃烧速度实验。如果样品不能在 2 min（或 20 min）内点燃并沿着样品带（带着火焰或带着烟）燃烧 200 mm，那么该样品不应划为易燃固体，并且不必进行下一步实验。

2. 燃烧速度实验

粉状或颗粒状样品的盛装方法与初步甄别实验的方法相同。如是潮湿敏感样品，应在该样品从其容器中取出之后尽快把实验做完，把样品带放在排烟柜的通风处，风速应足以防止烟雾逸进实验室并在实验期间保持不变。

对于金属或合金粉末以外的样品，应在距 100 mm 长的反应段 30～40 mm 处，将 1 mL 的湿润溶液一滴一滴地滴在样品带的脊上，确保样品带的剖面全部湿润。将溶液滴在样品带上时，要尽量避免溶液从样品带两边流失。所使用的湿润溶液应是不含可燃溶剂的，湿润溶液中的活性物质总量不应超过 1%。

用液化气点燃样品带的一端,当样品带已燃烧了 80 mm 时,测定其后 100 mm 反应段的燃烧速度。对于金属或合金粉末以外的样品,记录其湿润段是否阻止火焰的传播至少 4 min。

实验应进行三次,每次均使用干净的平板。

(五)实验数据记录

填写实验数据记录表,见表 4-1。

表 4-1 实验数据记录表

样品	燃烧时间/s		结论(平均值及包装等级)
金属镁粉	第一次		
	第二次		
	第三次		
冰片	第一次		
	第二次		
	第三次		

(六)注意事项

(1)为使燃烧平稳,点燃样品时火焰不要正对样品的一端,要倾斜一定的角度。

(2)点燃液化气时,液化气罐阀门不要开得过大,要开到恰好使样品能够被点燃的程度。

(3)点燃液化气时,人要站在火焰侧面,不要正对火焰。

(4)当样品被点燃后,液化气罐阀门应开到最小位置或关掉,使燃烧反应自行继续即可。

(5)实验完成后,须立即关掉液化气罐阀门。

(七)问题与讨论

试讨论为何需要将固体废物的燃烧性能作为重要的鉴别标准之一。

实验五　危险固体废物有害成分浸出实验

(一)实验目的

掌握危险固体废物中有害成分的浸出方法。

(二)实验原理

固体废物受到水的冲淋、浸泡,其中有害成分会转移到水中而污染地表水、地下水,导致二次污染。浸出实验采用规定的方法得到浸出液,然后分析浸出液中的有害成分。我国规定的有害成分分析项目有汞、镉、砷、铅、铜、锌、镍、锑、铍、氟化物、氰化物、硫化物、硝基苯类化合物等。

(三)主要实验装置和仪器

2 L具盖广口聚乙烯瓶或玻璃瓶,水平往复振荡器,翻转振荡器(图 5-1),0.45 μm滤膜(水性),原子吸收分光光度计或电感耦合等离子体发射光谱仪(图 5-2)或气相色谱仪(图 5-3)等。

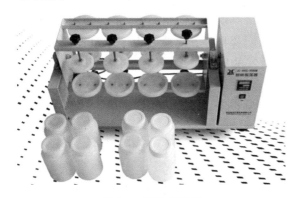

图 5-1　翻转振荡器

图 5-2　电感耦合等离子体发射光谱仪

图 5-3　气相色谱仪

(四)实验方法和步骤

1. 水平振荡法

(1)称取试样。

称取 100 g 试样,置于容积为 2 L 的具盖广口聚乙烯瓶或玻璃瓶中,加 1 L 水。

(2)振荡。

将瓶子垂直固定在水平往复振荡器上,调节振荡频率为(110±10) r/min,以 40 mm 振幅在室温下振荡 8 h,静置 16 h。

(3)过滤。

使用 0.45 μm 滤膜(水性)进行过滤,滤液即为浸出液,将其按各分析项目的保存方法进行保存,于合适条件下贮存备用。每种分析项目做两个平行浸出液,对分析项目平行测定两次并取算术平均值记入实验报告。实验报告中应包括试样的名称、来源、采集时间、粒度分布情况,实验过程的异常情况、环境温度及其波动范围、环境条件变化及其原因,浸出液的 pH 值、颜色、乳化和相分层情况。对于含水污泥试样,其滤液也必须同时加以分析并得出实验报告。

2. 翻转振荡法

(1)试样。

按照《工业固体废物采样制样技术规范》(HJ/T 20—1998)中规定的制样方法,将固体废物制成 5 mm 以下的试样。

(2)测定含水率。

准确称取 20 g 试样,置于预先干燥的恒重具盖容器中(注意容器的材料必须与试样不发生反应),于 105 ℃条件下烘干,恒重至±0.1 g,计算含水率。

（3）过滤。

称取 70.0 g 干基试样，置于容积为 1 L 的浸取容器中，加入 70 mL 浸取剂，将浸取容器盖紧后固定在翻转振荡器上，调节振荡频率为（30±2）r/min，在室温下翻转振荡 18 h 后取下浸取容器，静置 30 min，通过预先安装好滤膜的过滤装置过滤，收集全部滤液，即为浸出液，摇匀后供分析用。如果不能立刻进行分析，则将浸出液按各分析项目的保存方法进行保存。

如果试样中的固体占废物总质量的百分比小于 0.5%，则加入的浸取剂量为 70 mL。

如果试样含水率较高，并且其中固体占废物总质量的百分比大于或等于 0.5%，则加入的浸取剂量应减去试样中的含水量。

（五）注意事项

（1）每批样品（最多 20 个）至少做一个浸出空白样品。

（2）每批样品至少做一个基体加标样品。

（3）每批滤膜均应做吸收或溶出待测物实验。

（4）在过滤时，每个浸取容器中的物体必须全部通过过滤装置，并且必须收集全部滤液，摇匀后供分析用。

（5）样品必须在保存期内完成有害成分浸出实验。

（6）每个样品必须做平行双样。

（7）必须保存全部实验数据，以备查阅或审查。

（六）实验结果分析

根据各分析项目的要求，参照相关分析方法分析并测定污染物的浓度，以浓度是否超过允许值来判断其浸出毒性。

（七）问题与讨论

（1）什么是浸出毒性？

（2）哪些固体废物属于危险固体废物？

实验六　急性经口毒性实验

(一)实验目的

(1)通过本次实验掌握经口灌胃技术、半数致死剂量的意义。

(2)通过本次实验学习半数致死剂量的计算方法及毒性判定。

(二)实验原理

通常指的急性毒性实验是对药物而言的,并以半数致死量(median lethal dose,LD_{50})来衡量药物急性毒性的大小。所谓 LD_{50} 是指某一药物使实验动物总体死亡一半的剂量,由于 LD_{50} 是剂量反应曲线上最敏感的一点,而且有易测、准确性和重复性好的优点,以此作为药物使用的安全指标。但对于生物材料而言,它与药物在体内的反应机理不同,大多数生物材料不能计算 LD_{50},所以在实验过程中,通过对实验动物进行静脉或腹腔注射实验材料或其浸提液来观察实验动物体重在 24 h、48 h 和 72 h 的变化,以及运动、呼吸状态、死亡情况等,并以其作为评价的指标,判定某种生物材料的急性毒性作用。

(三)实验设备与仪器

健康成年小鼠(体重 18～25 g),雌雄各半。动物秤(图 6-1)、灌胃针、烧杯、编号笔、解剖剪、小磁盘、鼠笼。

实验前要使动物在实验环境中适应 3～5 d 时间,以了解其正常活动情况和健康状况,并淘汰不健康和体重不符合要求的动物。本次实验取体重 18～25 g 的小鼠,实验时,将小鼠称体重、编号,按随机分组原则将实验动物分成 6 组,每组 24 只,雌雄各半。

溶剂:水溶性受试化学品以蒸馏水为溶剂配制成溶液;脂溶性受试化学品以吐温-80、二甲基亚砜、植物油等为溶剂配制。

图 6-1　实验动物称量用电子秤

(四)实验步骤

(1)剂量的选择。

首先查阅与受试化学物结构及理化性质相近似的化学物的 LD_{50},以此值作为受试化学物的预期毒性中值,即中间剂量组,再上下各推 1～2 个剂量组,进行预实验。

各剂量组的间距可根据 LD_{50} 计算方法要求按等比级数或等差级数排列。本实验用概率单位法计算 LD_{50},要求按等比级数排列,常用 1：0.8,如敌敌畏的最高剂量为 125 mg/kg,其次剂量组为 125 mg/kg×0.8＝100 mg/kg,依次类推为 80 mg/kg、64 mg/kg 和 51.2 mg/kg 共五个剂量组。

(2)受试化学物配制与稀释。

等容量稀释法,即对各个剂量组的动物均给予相同单位体重体积的受试化学物,按照事先设计的剂量组分别稀释配制为几种不同浓度的受试物溶液。

(3)灌胃。

小鼠灌胃法:左手拇指和食指捏住小鼠头部两耳后皮肤,无名指或小指将尾部紧压在手上,使小鼠腹部向上,尽量使其体位垂直,注意使其上消化道固定成一直线。右手持连着灌胃导针的注射器,将灌胃针由小鼠口腔侧插入,避开牙齿,沿咽后壁缓缓滑入食管。若遇阻力,可轻轻上下滑动探索,一旦感觉阻力消失,即深入至胃部,一般进针深度为 2.5～4 cm,随后将受试物溶液注入。如遇小鼠挣扎,应停止进针或将针拔出,千万不能强行插入,以免穿破食管,甚至误入气管,导致小鼠立即死亡。小鼠一次灌胃体积为 10～20 mL/kg。

(4)中毒体征和死亡情况观察。

小鼠染毒后观察和记录其中毒体征及出现的时间、死亡数量和时间,以及死亡前的体征。

高剂量组动物的死亡常很快发生,染毒后应即刻密切观察。

根据观察情况分析中毒特点和毒作用靶器官。

观察的项目如下。

中枢神经系统:体位异常、叫声异常、不安、呆滞、痉挛、抽搐麻痹、运动失调、对外反应过敏或迟钝。

植物神经系统:瞳孔扩大或缩小,流涎或流泪。

呼吸系统:鼻孔流液、鼻翼翕动、出现血性分泌物、呼吸深缓、呼吸过速、仰头呼吸。

皮肤和毛:皮肤充血,发绀,被毛蓬松、污秽。

眼:眼球突出、结膜充血、角膜浑浊、有血性分泌物。

消化系统:腹泻、厌食。

(5)LD$_{50}$计算。

采用概率单位法计算 LD$_{50}$。

(6)结果评价。

根据实验动物中毒体征、死亡时间得出 LD$_{50}$数据,再结合受试物的种类,按相应的国家标准或技术规范中的急性经口毒性分级标准对受试物进行毒性定级,判断受试物的毒性大小。

(五)数据处理与报告

等容量稀释法计算公式为:

$$X = \frac{D}{V}$$

式中,D——设计的染毒剂量(mg/kg);

V——动物给药量(相同单位体重体积),均为 10 mL/kg;

X——各组需配制的受试物溶液的浓度(mg/mL)。

如:第一组染毒剂量 $D=51.2$ mg/kg,动物按 $V=10$ mL/kg 体重给药,配制的受试物浓度为 $X=51.2$ mg/10 mL。

依次类推,五个组所需配制的受试物浓度分别如下。

第一组:51.2 mg/10 mL;第二组:64 mg/10 mL;第三组:80 mg/10 mL;第四组:100 mg/10 mL;第五组:125 mg/10 mL。

各剂量组小鼠灌胃容量计算:

$$\text{小鼠灌胃容量 } V(\text{mL}) = \text{体重}(\text{g}) \times 10 \text{ mL}/1000 \text{ g}$$

各剂量组小鼠染毒剂量:

$$\text{小鼠染毒剂量} = V(\text{mL}) \times \text{各组的受试物浓度}(\text{mg}/10 \text{ mL})$$

概率单位法计算 LD$_{50}$公式(采用五个剂量组):

$$\text{LD}_{50} = \log^{-1}\left[\frac{10i(5-\overline{\overline{y}})}{2(y_5 - y_1) + (y_4 - y_2)} + X_3\right]$$

式中,X_3——第三个组的剂量对数($X_3 = \log 80$);

i——相邻两组剂量比值(以高剂量组为分子)的对数($i = \log(125/100)$);

y——死亡率相应的概率单位;

$\overline{\overline{y}}$——五个剂量组的死亡率相应的概率单位的均数。

(六)注意事项

(1)灌胃时操作要避免损伤食道或误入气管。

(2)正确提拿动物,防止被其咬伤且避免动物受伤。

(3)灌入量计算和操作要准确,否则会影响结果。

(4)防止操作者中毒。

(七)问题与讨论

除了急性经口实验以外,还有什么方式可以进行急性毒性的初筛?

实验七　固体废物遇水反应性测定

(一)实验范围

本方法规定了与酸溶液接触后氢氰酸和硫化氢的比释放率的测定方法。

本方法适用于遇酸后不会形成爆炸性混合物的所有废物。

本方法只检测在实验条件下产生的氢氰酸和硫化氢。

(二)实验原理

在装有定量废物的封闭体系中加入一定量的酸,将产生的气体吹入洗气瓶,测定被分析物。

(三)试剂和材料

硫酸(0.005 mol/L):将 2.8 mL 浓 H_2SO_4 加入试剂水中,稀释至 1 L,取 100 mL 此溶液稀释至 1 L,制得 0.005 mol/L H_2SO_4。

氰化物参比溶液(1000 mg/L):将 2.51 g KOH 和 2.51 g KCN 于 1 L 试剂水中溶解,用 0.0192 mol/L $AgNO_3$ 标定,此溶液中氰化物的质量浓度应为 1 mg/mL。

NaOH 溶液(1.25 mol/L):将 50 g NaOH 于试剂水中溶解,稀释至 1 L。

NaOH 溶液(0.25 mol/L):用试剂水将 200 mL 的 1.25 mol/L NaOH 溶液稀释至 1 L。

$AgNO_3$ 溶液(0.0192 mol/L):将 5 g $AgNO_3$ 晶体研碎,于 40 ℃干燥至恒重。称取 3.265 g 干燥过的 $AgNO_3$,用试剂水溶解并稀释至 1 L。

硫化物参比溶液(1000 mg/L):将 4.02 g $Na_2S \cdot 9H_2O$ 于 1 L 试剂水中溶解,此溶液中 H_2S 质量浓度为 570 mg/L,根据要求的分析范围(100~570 mg/L)稀释此溶液。

(四)仪器和装置

(1)圆底烧瓶:500 mL,三颈,带 24/40 磨口玻璃接头。

(2)洗气瓶:50 mL 刻度洗气瓶。

（3）搅拌装置：转速可达到约 30 r/min，可以将磁转子与搅拌棒联合使用，也可以使用顶置马达驱动的螺旋搅拌器。

（4）恒压分液漏斗：带均压管、24/40 磨口玻璃接头和聚四氟乙烯套管。

（5）软管：用于连接氮气源与设备。

（6）氮气：贮存在带减压阀的气瓶中。

（7）气体流量计：用于监测氮气流量。

（8）分析天平：可称重至 0.001 g。

测定固体废物中氰化物或硫化物释放的实验装置如图 7-1 所示。气体流量计如图 7-2 所示。恒压分液漏斗如图 7-3 所示。

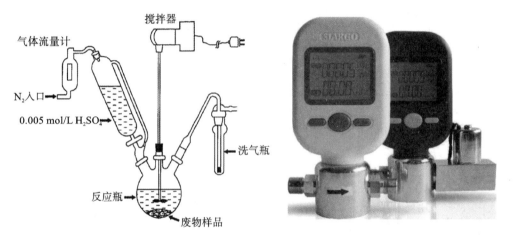

图 7-1　测定固体废物中氰化物或硫化物释放的实验装置　　图 7-2　气体流量计

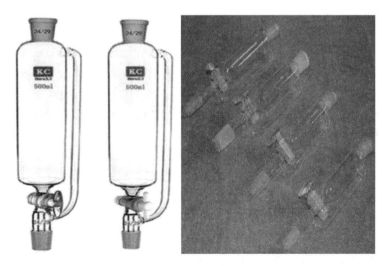

图 7-3　恒压分液漏斗

(五)分析步骤

(1)加 50 mL 的 0.25 mol/L NaOH 溶液于刻度洗气瓶中,用试剂水稀释至液面高度。

(2)封闭测量系统,用转子流量计调节氮气流量,流量应为 60 mL/min。

(3)向圆底烧瓶中加入 10 g 待测试样。

(4)保持氮气流量,加入足量硫酸使烧瓶半满,同时开始 30 min 的实验过程。

(5)在酸进入圆底烧瓶的同时开始搅拌,搅拌速度在整个实验过程应保持不变(注意:搅拌速度以不产生漩涡为宜)。

(6)30 min 后,停止加入氮气,卸下洗气瓶,分别测定洗气瓶中氰化物和硫化物的含量。

(六)结果计算

固体废物试样中氰化物或硫化物含量(mg/kg)由下式计算:

$$R = \frac{X \cdot L}{W \cdot t}$$

总有效 HCN(或 H_2S)$= R \cdot t$

式中,R——比释放率[mg/(kg·s)];

X——洗气瓶中 HCN(或 H_2S)的质量浓度(mg/L);

L——洗气瓶中溶液的体积(L);

W——取用的废物质量(kg);

t——测量时间(s)。

(七)注意事项

样品的采集、保存和预处理:采集含有或可能含有硫化物或硫化物与氰化物混合物的固体废物样品时,应尽量避免将样品暴露于空气中。样品瓶应完全装满,顶部不留任何空间,盖紧瓶盖。样品应在暗处冷藏保存,并尽快进行分析。

对于含氰化物的固体废物样品,建议尽快进行分析。尽管可以用强碱将样品调至 pH=12 进行保存,但这样会使样品稀释,提高离子强度,并有可能改变固体废物的其他理化性质,影响氢氰酸的释放速率。样品应在暗处冷藏保存。

对于含硫化物的固体废物样品,建议尽快进行分析。尽管可以用强碱将样品调至 pH=12 并在样品中加入醋酸锌进行保存,但这样会使样品稀释,提高离子强度,并有可能改变固体废物的其他理化性质,影响硫化氢的释放速率。样品应在暗处冷藏保存。实验应在通风橱内进行。

实验八　危险固体废物腐蚀性鉴别实验

（一）实验的目的

　　腐蚀性固体废物会腐蚀并损伤接触部位的生物细胞组织,也会腐蚀盛装容器造成泄露,从而引起危害和污染。本实验的目的在于用 pH 玻璃电极法(pH 值的测定范围为 0~14)测定固体废物的 pH 值,以鉴别其腐蚀性。本实验方法适用于固态、半固态固体废物的浸出液和高浓度液体的 pH 值的测定。

（二）实验方法

　　测试方法有两种:一种是测定 pH 值,另一种是测定 55.7 ℃以下对钢制品的腐蚀率。这里只介绍 pH 值的测定。

（三）实验原理

　　以玻璃电极为指示电极,饱和甘汞电极为参比电极组成电池。在 20 ℃条件下,氢离子活度将变化 10 倍,使电动势偏移 59.16 mV。许多 pH 计上有温度补偿装置,可以校正温度的差异。为了提高测定的准确度,校准仪器选用的标准缓冲溶液的 pH 值应与试样的 pH 值接近。消除干扰方法如下。

　　(1)当废物浸出液的 pH 值大于 10 时,钠差效应对测定有干扰,宜用低(消除)钠差电极,或者用与浸出液的 pH 值接近的标准缓冲溶液进行校正。

　　(2)电极表面被油脂或者粒状物质沾污会影响电极的测定,可用洗涤剂清洗,或用 1+1 的盐酸溶液消除残留物,然后用蒸馏水冲洗干净。

　　(3)在不同的温度下电极的电势输出不同,温度变化也会影响到样品的 pH 值,因此必须进行温度补偿。温度计与电极应同时插入待测溶液中,在报告测定的 pH 值的同时报告测定时的温度。

（四）实验仪器及材料

　　(1)混合容器:容积为 2 L 的带密封塞的高压聚乙烯瓶。

　　(2)振荡器:往复式水平振荡器(图 8-1)。

(3)过滤装置:市售成套过滤器,纤维滤膜孔径为 0.45 μm。

(4)蒸馏水或去离子水。

(5)pH 计:各种型号的 pH 计(图 8-2)或离子活度计,精度±0.02 pH 单位。

(6)玻璃电极:消除钠差电极。

(7)参比电极:甘汞电极、银/氯化银电极或者其他具有固定电势的参比电极。

(8)磁力搅拌器(图 8-3),以及用聚四氟乙烯或者聚乙烯等塑料包裹的搅拌棒。

(9)温度计或有自动补偿功能的温度敏感元件。

(10)试剂:一级标准缓冲剂的盐,在很高准确度的场合下使用,其制备的缓冲溶液需要低电导率的、不含二氧化碳的水,而且这些溶液至少每月更换一次;二级标准缓冲剂的盐,可用国家认可的标准 pH 缓冲溶液,用低导电率(低于 2 μS/cm)并除去二氧化碳的水配置。

图 8-1　往复式水平振荡器　　　图 8-2　pH 计　　　图 8-3　磁力搅拌器

(五)实验步骤

1. 浸出液的准备

(1)称取 100 g 试样(以干基记,固体试样风干,磨碎后应能通过 5 mm 的筛孔),置于浸取用的混合容器中,加水 1 L(包括试样的含水量)。

(2)将浸取用的混合容器垂直固定在振荡器上,振荡频率调节为(110±10) r/min,振幅为 40 mm,在室温下震荡 8 h,静置 16 h。

(3)通过过滤装置分离固液相,过滤后立即测定滤液的 pH 值。如果固体废物中固体的含量小于 0.5%,则不经过浸出步骤,直接测定溶液的 pH 值。

2. pH 值的测定方法

(1)按仪器的使用说明书做好测定的准备工作。

(2)如果样品和标准溶液的温差大于 2 ℃,测量的 pH 值必须进行校正。可通过仪器带有的自动或手动补偿装置进行,也可预先将样品和标准溶液在室温下平衡达到同一温度。记录测定的结果。

(3)宜选用与样品的 pH 值相差不超过 2 个 pH 单位的两个溶液(两者相差 3 个

pH 单位)校准仪器。用第一个标准溶液定位后,取出电极,彻底冲洗干净,并用滤纸吸去水分,再浸入第二个标准溶液进行校核。校核值应在标准的允许范围内,否则应检查仪器、电极或校准溶液是否有问题。当校核无问题时,方可测定样品。

（4）如果现场测定含水量高、呈流态状的稀泥或浆状物料等的 pH 值,则电极可直接插入样品,深度应适当并可移动,保证有足够的样品通过电极的敏感元件。

（5）对黏稠状物料应先离心或过滤,并测定其溶液的 pH 值。

（6）对粉、粒、块状物料,取其浸出液进行测定。将样品或标准溶液倾倒入清洁烧杯中,其液面应高于电极的敏感元件,放入搅拌子,将清洁干净的电极插入烧杯中,以缓和、固定的速率搅拌或摇动使其均匀,待读数稳定后记录其 pH 值。反复测定 2～3 次直到其 pH 值变化小于 0.1 pH 单位。

（六）数据处理与报告

（1）每个样品至少做 3 个平行实验,其标准差不超过 ±0.15 pH 单位,取算术平均值报告实验结果。

（2）当标准差超过规定范围时,必须分析并报告原因。

（3）此外,还应说明环境温度、样品来源、粒度级配、实验过程的异常现象,以及特殊情况下实验条件的改变及原因等。

（七）注意事项

（1）可用复合电极。新的、长期未使用的复合电极或玻璃电极在使用前应在蒸馏水中浸泡 24 h 以上。使用后冲洗干净,浸泡在水中。

（2）甘汞电极的饱和氯化钾液面必须高于汞体,并有适量氯化钾晶体存在,以保证氯化钾溶液的饱和。使用前必须拔掉上孔胶塞。

（3）每次测定样品之前应充分冲洗电极,并用滤纸吸去水分,或用试样冲洗电极。

（八）问题与讨论

（1）采用 pH 计测量溶液 pH 值过程中,哪些因素会影响测量的结果？可以采取哪些措施来减少或消除实验误差？

（2）如果固体废物中固体的含量小于 0.5%,如何鉴别其腐蚀性？

实验九　铬渣的解毒处理实验

(一)实验目的

通过铬渣的解毒处理实验,了解标准曲线的绘制方法,掌握浸出液中 Cr(Ⅵ)的测定方法。

(二)实验原理

铬渣是铬盐生产厂和铬铁合金厂在生产过程中排放出的大量剧毒固体废渣,在这些固体废物中,除含有钙、镁、铁、硅、铝等元素外,还含有一定量反应不完全的 Cr_2O_3,1%～3%水溶性铬酸钠及酸溶性铬酸钙。铬渣是重铬酸钠生产过程中排出的废渣,在形态上为粒径不等的颗粒状坚硬烧结固体,外观与铁粉类似,有黄、黑、赭等颜色。

目前,常用的铬渣解毒技术有三类:湿法解毒/填埋、转窑干法解毒/作水泥混合料和冶炼含铬生铁技术。湿法解毒/填埋技术由于工艺简单、设备选型容易、适用性高等优点而受到青睐。湿法解毒法主要有水化法、酸溶法和碱溶法。水化法是用水作浸出剂,将铬渣中水溶性和少部分酸溶性 Cr(Ⅵ)转移到溶液中,此法中 Cr(Ⅵ)浸出不彻底。而酸溶法是用硫酸等强酸破坏铬渣中含 Cr(Ⅵ)矿物的结构,从而将铬渣中 Cr(Ⅵ)转移到液相中。此法耗酸量较大,导致其解毒成本较高。考虑到铬渣中含有大量的碱性物质,以碱性体系处理铬渣更为合理。

水合肼,又名水合联氨,是一种重要的精细有机合成原料,具有广泛的用途。水合肼分子中含有两个具有亲核性的氮和四个可以置换的活泼的氢,是一种强还原剂。用水合肼还原铬渣,就是用水合肼还原铬渣中的铬酸钠、铬酸钙等含有六价铬的物质。

水合肼还原铬渣的主要方程式如下:

$$4Na_2CrO_4 + 3N_2H_4 \cdot H_2O + H_2O == 4Cr(OH)_3 + 8NaOH + 3N_2 \uparrow$$

$$4CaCrO_4 + 3N_2H_4 \cdot H_2O + H_2O == 4Cr(OH)_3 + 4Ca(OH)_2 + 3N_2 \uparrow$$

(三)实验装置和仪器

1. 主要仪器

数显恒温水浴锅、往复振荡器、圆盘粉碎机(图 9-1)、真空干燥箱(图 9-2)、分光光度计(图 9-3)、电子天平。

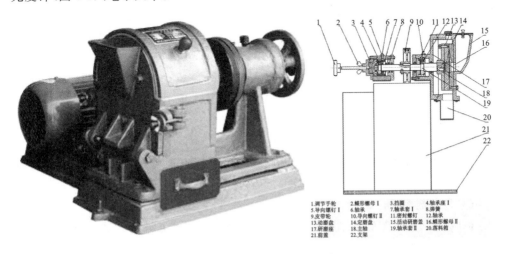

1.调节手轮　2.蝶形螺母Ⅰ　3.挡圈　4.轴承座Ⅰ
5.导向螺钉Ⅰ　6.轴承　7.轴承套Ⅰ　8.弹簧
9.皮带轮　10.导向螺钉Ⅱ　11.密封螺钉　12.轴承
13.动磨盘　14.定磨盘　15.活动研磨盖　16.蝶形螺母Ⅱ
17.研磨座　18.主轴　19.轴承套Ⅱ　20.落料箱
21.前盖　22.支架

图 9-1　圆盘粉碎机及各部件示意图

图 9-2　真空干燥箱

图 9-3　分光光度计

2. 主要试剂

二苯碳酰二肼、水合肼、氢氧化钠、氯化钠、丙酮、硫酸、磷酸、重铬酸钾(所用药品和溶剂均为分析纯)。

(四)实验内容和步骤

1. 预处理

将风干铬渣放入烘干箱中,设置烘箱温度为 120 ℃,烘干 8 h。将铬渣中的大块挑出,以人工方式敲碎,然后将较小粒径的铬渣放入圆形小型球磨机中球磨 1 h。球磨后的铬渣用标准筛分级,并测定此时的铬渣的含水量。

2. 绘制标准曲线

(1)铬标准储备液,0.1000 mg Cr(Ⅵ)/mL。

称取于 120 ℃下烘干 2 h 的重铬酸钾 0.28299 g,用少量的水溶解后,移入 1000 mL 容量瓶,用水稀释至标线,摇匀。

(2)铬标准溶液,1.0 μg Cr(Ⅵ)/mL。

吸取 5.0 mL 铬标准储备液于 500 mL 容量瓶,用水稀释至标线,摇匀。用时现配。

(3)显色剂溶液。

称取 0.29 g 二苯碳酰二肼,溶于 50 mL 丙酮中,加水稀释至 100 mL,摇匀,放入棕色瓶中,低温保存。

(4)硫酸溶液。

将密度为 1.84 g/mL 的硫酸加入同体积的水中,边加边搅拌,待冷却后使用。

(5)磷酸溶液。

将密度为 1.69 g/mL 的磷酸与同体积的水混匀。

(6)标定。

向 9 支 25 mL 具塞比色管中,分别加入铬标准溶液 0.00 mL、0.20 mL、0.50 mL、1.00 mL、2.00 mL、4.00 mL、5.00 mL、8.00 mL、10.00 mL,加水至标线。

(7)显色。

加入硫酸 0.5 mL,磷酸 0.5 mL,摇匀,加显色剂 2.0 mL,摇匀,放置 10 min。

(8)测吸光度。

用 10 mm 或 30 mm 光程比色皿,于 540 nm 波长处,以水作参比,测定吸光度,以减去的空白的吸光度为横坐标,六价铬的量(单位 μg)为纵坐标,绘制标准曲线。

3. 影响因子

(1)加水量对铬渣解毒的影响。

准确称量 0.220～0.150 mm 的铬渣 20.00 g 五份,分别装入锥形瓶中。依次加入 0.00 mL、0.50 mL、1.00 mL、1.50 mL、2.00 mL 蒸馏水,再加入稀释 10 倍的水

合肼 1.00 mL。每个样品重复三次。用玻璃棒反复搅拌,使其均匀。搅拌 5 min 后,常温下放置 30 min。然后,依次往锥形瓶中加入 100.00 mL、99.50 mL、99.00 mL、98.50 mL、98.00 mL 蒸馏水。将锥形瓶放置于往复式振荡器上振荡 8 h,静置 16 h。过滤,取一定体积的滤液,按国家标准(GB/T 15555.4—1995)规定的步骤加入显色剂显色,测其吸光度。

(2)温度对铬渣解毒的影响。

准确称量 0.220～0.150 mm 的铬渣 20.00 g 五份,分别装入锥形瓶中。加入 1.5 mL 稀释十倍的水合肼。用玻璃棒反复搅拌,使其均匀。搅拌 5 min 后,分别置于 20 ℃、40 ℃、60 ℃、80 ℃、98 ℃的水浴锅中,放置 30 min。每个样品重复三次。然后,依次加入 100.00 mL 蒸馏水,重复上述步骤。

(3)时间对铬渣解毒的影响。

准确称量 0.220～0.150 mm 的铬渣 20.00 g 十份,分别装入锥形瓶中。加入 1.5 mL 稀释十倍的水合肼。用玻璃棒反复搅拌,使其均匀。常温下搅拌 5 分钟后,置于 60 ℃的水浴锅中加热。在 5 min、10 min、20 min、30 min、40 min 分别拿出 2 个锥形瓶,加入 200.00 mL 蒸馏水。重复上述步骤。

4. 浸出液中 Cr(Ⅵ)的测定:国家标准(GB/T 15555.4—1995)

取一定体积的浸出液加入 50 mL 比色管中,使其中 Cr(Ⅵ)的浓度不超过 0.2 mg/L,同时配制铬标准样(取浓度为 0.1 g/L 的铬储备液 5 mL 稀释到 500 mL,从中取 10 mL 置于 50 mL 比色管中)及空白样(去离子水即可)。往所有比色管中加入硫酸(1+1)0.5 mL,磷酸(1+1)0.5 mL,定容,摇匀,再加显色剂二苯碳酰二肼(0.2 mg/mL)2 mL,摇匀,放置 10 min。用 10 mm 光程比色皿于 540 nm 光程下测定各自吸光值。测定时,先用空白样调零,然后依次分析每个待测样的吸光值 A_n 和标液的吸光值 A_0,待测液的 Cr(Ⅵ)含量计算公式如下:

$$浸出液中 Cr(Ⅵ)的浓度(mg/L) = (A_0 \times 10)/(A_n \times V)$$

式中,A_n——待测样的吸光值;

A_0——标准样的吸光值;

V——所取浸出液的体积(mL)。

(五)注意事项

铬渣具有强碱性,解毒后的铬渣若不进一步处理,铬渣会慢慢变黄。

(六)实验结果分析

(1)绘制标准曲线及其相关性。

（2）分析加水量、温度、时间对铬渣解毒的影响。

浸出液铬含量统计表如表 9-1 所示。

表 9-1　浸出液铬含量统计表

加水量、温度、时间	浸出液六价铬含量

（七）问题与讨论

（1）铬渣有哪些危害？

（2）比较各种铬渣解毒方法的优缺点。

实验十　有害工业废渣固化处理实验

(一)实验目的

有害废物的固化处理是固体废物处理的一种常用方法。通过固化实验,了解固化基本原理,初步掌握用固化法处理有害废物的研究方法。

(二)实验原理

使有害废物与固化剂或黏结剂混合后发生化学反应而形成坚硬的固化物,使有害物质固定在固化物内,或是用物理方法将有害废物封装起来的处理方法称为固化或稳定化。有害废物经固化处理后,其渗透性和溶出性均可降低,所得固化物能安全地运输和进行堆存或填埋,稳定性和强度适宜的固化物可以作为筑路的基材使用。

固化处理可分为包胶固化、自胶固化、玻璃固化和水玻固化。包胶固化根据包胶材料的不同,分为硅酸盐胶凝材料固化、石灰固化、热塑固化和有机聚合物固化。包胶固化适用于多种废物处理。自胶固化只适用于含有大量能成为胶结剂的废物处理。玻璃固化和水玻璃固化一般只适用于少量毒性特别大的废物处理,如高放射性废物的处理。

一般废物固化都采用包胶固化的方法,包胶固化是采用某种固化基材对废物进行包覆处理的一种方法。一般分为宏观包胶和微囊包胶。宏观包胶是把干燥的未稳定化处理的废物用包胶材料在外围包上一层,使废物与环境隔离;微囊包胶是用包胶材料包覆废物的微粒。宏观包胶工艺简单,但包胶一旦破裂,被包覆的有害废物就会进入环境造成污染。微囊包胶有利于有害废物的安全处置,是目前采用较多的废物处理技术。

本实验以水泥为基材,固化含铬废渣。水泥基固化是利用水泥和水化合时产生水硬胶凝作用将废物包覆的一种方法。普通硅酸盐水泥主要成分为硅酸三钙、硅酸二钙、铝酸三钙和铁铝四钙,它们与水发生水化作用产生如下一系列反应。

$$3CaO \cdot SiO_2 + H_2O \Longrightarrow 2CaO \cdot SiO_2 + Ca(OH)_2$$
$$2CaO \cdot SiO_2 + H_2O \Longrightarrow 2CaO \cdot SiO_2 \cdot H_2O$$
$$3CaO \cdot Al_2O_3 + H_2O \Longrightarrow 3CaO \cdot Al_2O_3 \cdot H_2O$$
$$4CaO \cdot Al_2O_3 \cdot Fe_2O_3 + 2H_2O \Longrightarrow 3CaO \cdot Al_2O_3 \cdot H_2O + CaO \cdot Fe_2O_3 \cdot H_2O$$

水化后产生的胶体使水泥颗粒相互黏结,渐渐变硬而凝结成为水泥石,在变硬凝结过程中将砂、石子、铬渣等固体废物包裹在水泥中。

(三)实验装置和仪器

1. 实验仪器设备

搅拌锅、拌和铲、振动台(图 10-1)、养护箱(图 10-2)、台秤、天平、标准稠度和凝结时间测定仪(图 10-3)、压力测试机(图 10-4)、分光光度计、模子。

图 10-1　振动台

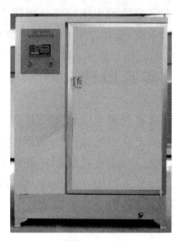

图 10-2　养护箱

图 10-3　标准稠度和凝结时间测定仪

图 10-4　压力测试机

2.实验材料及药品

普通硅酸盐水泥、铬渣和分析测试铬所需药品。

(四)实验内容和步骤

(1)将 114 mL 水与 400 g 水泥拌和成均匀的水泥净浆。

(2)将水泥净浆装入圆模中,振动数次后并刮平,然后放入养护箱内。

(3)制作水泥块。

①先将废渣粉碎、筛分。

②按不同渣灰比计算用水量。

③将渣与灰先混合搅拌 5 min,加入所需水量,拌匀,放入模子中,在振动台上振动数次,放入养护箱中 24 h,脱模。

④水溶性实验。

将样品加入 pH 值为 5.8~6.3 的水 100 mL(固液比为 1：10),以 200 r/min 的频率连续震荡 1~6 h,用离心法、澄清法或通过孔径为 1 μm 滤膜过滤,然后测定滤液中有害物质的含量。

(五)实验结果计算

实验结果统计表如表 10-1 所示。

表 10-1 实验结果统计表

配比			
滤液中有毒物含量/(mg/L)			
有毒物溶出率/(%)			

根据不同配比测得的溶出液中有毒物的含量,计算有毒物的溶出率,并画出有毒物的溶出率随不同配比变化的曲线。

(六)注意事项

为避免固体废物中所含的化合物干扰固化过程,必须对固体废物进行物理和化学预处理。

(七)问题与讨论

(1)水泥固化的原理是什么?

(2)水泥块为何需要在养护箱中养护一段时间?

(3)进行有毒物溶出率实验对废渣处理有何意义?

实验十一　固体废物破碎及筛分实验

(一)实验目的

(1)了解固体废物破碎和筛分目的。

(2)了解固体废物破碎设备和筛分设备。

(3)掌握破碎和筛分设备的使用过程。

(4)熟悉破碎和筛分的实验流程。

(二)实验原理

固体废物的破碎是固体废物由大变小的过程,即利用外力克服固体废物质点间的内聚力而使大块固体废物分裂成小块的过程。固体废物的筛分是根据产物粒度的不同,利用不同筛孔尺寸的筛子将物料中小于筛孔尺寸的细颗粒透过筛面,大于筛孔尺寸的粗颗粒留在筛面上,从而完成粗细颗粒分离的过程。

破碎产物的特性一般用粒度分布和破碎比来描述。表示颗粒大小的参数一般有粒径和粒度分布。粒径是表示颗粒大小的参数,常用筛径来表示。粒度分布表示固体颗粒群中不同粒径颗粒的含量分布情况。破碎比表示破碎过程中原废物粒度与破碎产物粒度的比值,常用废物破碎前的平均粒度(D_{cp})与破碎后的平均粒度(d_{cp})的比值来确定破碎比(i)。筛分完成后,本筛格存留的筛上颗粒质量为筛余量,这些颗粒粒度小于上格筛孔径且大于本筛格孔径,本格筛余量的粒度取颗粒平均粒径。

(三)试验仪器与设备

(1)颚式破碎机(型号 PE60×100)1 台(图 11-1)。

(2)振筛机(型号 XSB-88)1 台(图 11-2)。

(3)方孔筛:规格 0.15 mm、0.3 mm、0.6 mm、1.18 mm、2.36 mm、4.75 mm 及 9.5 mm 的筛子各一个,并附有筛底和筛盖。

(4)实验样品若干。

(5)鼓风干燥箱 1 台。

(6)台式天平($d_{max}=15$ kg,$e=1$ g)1 台。

(7)刷子 1 把等。

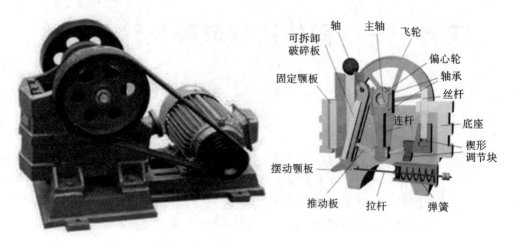

图 11-1　颚式破碎机及工作原理图

图 11-2　振筛机

(四)实验内容和步骤

(1)称取样品不少于 600 g 在(105±5)℃的温度下烘干至恒重。

(2)称取烘干后试样 500 g 左右,精确至 1 g。

(3)将实验颗粒倒入按孔径大小从上到下组合的套筛(附筛底)上。

（4）开启振筛机，对样品筛分 15 min。

（5）筛分后对不同孔径的筛子里的颗粒进行称重并记录数据。

（6）将称重后的颗粒混合，倒入颚式破碎机进行破碎。

（7）收集破碎后的全部物料。

（8）将破碎后的颗粒再次放入振筛机，重复（3）、（4）、（5）步骤。

（9）做好实验记录，收拾实验室，完成实验结果与分析。

（五）注意事项

（1）机体基础必须安装牢靠、平整，以防机体受力不均引起破裂。

（2）试车前必须检查破碎机的各个紧固件是否紧固，用手转动皮带轮观察其是否灵活，发现不正常，应查明原因并予以排除方可试车。

（3）为了出料方便，安装时可适当提高整机的安装高度。

（4）对物料进行筛分时，物料颗粒的物理性质（如表面积、含水量等）对筛分效率有较大的影响，因此在实验前应对试样进行处理，使之达到实验的要求。

（5）筛分所测得的颗粒大小分布还决定于下列因素：筛子表面的几何形状（如开口面积、总面积）、筛孔的偏差、筛子的磨损程度；物料颗粒位于筛孔处的概率与粉末颗粒大小分布、筛面上颗粒的数量；摇动筛子的方法、筛分的持续时间等。不同筛子和不同操作都对于实验结果有影响，因此实验前应仔细检查设备的状态，按要求进行实验操作。

（6）取样误差、试样筛分时的丢失、筛分后称量的错误等也会使实验产生误差，实验时应注意这三个环节。

（六）实验结果计算

1. 计算真实破碎比

真实破碎比 $= D_{cp}/d_{cp}$

式中，D_{cp}——废物破碎前的平均粒度；

d_{cp}——破碎后的平均粒度。

2. 计算细度模数

$$M_x = \frac{(A_2 + A_3 + A_4 + A_5 + A_6) - 5A_1}{100 - A_1}$$

式中，M_x——细度模数；

A_1、A_2、A_3、A_4、A_5、A_6——分别为 4.75 mm、2.36 mm、1.18 mm、0.6 mm、0.3

mm、0.15 mm 筛的累积筛余量百分数。

细度模数是判断粒径粗细程度及类别的指标。细度模数越大,表示粒径越大。

3. 实验记录

破碎前后筛余量实验记录表如表 11-1 所示。

表 11-1 破碎前后筛余量实验记录表

筛孔粒径 /mm	破碎前			破碎后		
	筛余量/g	分计筛余量 /(%)	累积筛余量 /(%)	筛余量/g	分计筛余量 /(%)	累积筛余量 /(%)
9.5						
4.75						
2.36						
1.18						
0.6						
0.3						
0.15						
筛底						
合计						
差量						
平均粒径						

分计筛余百分率:各号筛余量与试样总量之比,精确至 0.1%。

累积筛余百分率:各号筛的分计筛余百分率加上该号以上各分级筛余百分率之和,精确至 0.1%;筛分后,如每号筛的筛余量与筛底的剩余量之和与原试样质量之差超过 1%,应重新实验。

平均粒径 d_{pj} 依据分计筛余百分率 p_i 和对应粒径 d_i 计算:$d_{pj} = \sum_i^n p_i d_i$。

(七)问题与讨论

(1)固体废物进行破碎和筛分的目的是什么?

(2)各种破碎机各有什么特点?

(3)影响筛分的因素有哪些?

实验十二　废弃物磁力分选实验

(一)实验目的

(1)直观了解和掌握固废分离中磁力分离的原理。
(2)熟悉固体废物性质对磁选的影响。
(3)掌握磁力分离设备的使用方法。
(4)掌握全铁的分析方法。
(5)掌握磁力分离实验数据整理及结果分析方法。

(二)实验原理

　　磁力分离是根据不同固体废物间磁性的差异,在磁选设备产生的磁场作用下,把固废分成磁性和非磁性物料的过程。

(三)实验装置和仪器

1.实验设备

　　本实验采用湿式 CTN 型永磁圆筒式磁选机,如图 12-1 所示。圆筒式磁选机工作原理如图 12-2 所示。

图 12-1　湿式 CTN 型永磁圆筒式磁选机

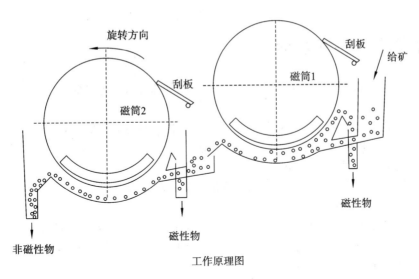

图 12-2　圆筒式磁选机工作原理图

在弱磁场状态下(磁极间距 4 mm),磁场强度与激磁电流的关系曲线如图 12-3 所示。

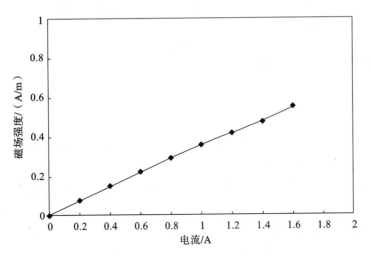

图 12-3　磁场强度与激磁电流的关系曲线

2. 其他仪器

300 g 天平或托盘天平;塑料接料斗 4 个;30 mm 毛刷 1 把。

3. 实验原料

含铁固废物料;Fe 分析试剂(见全铁测定相关要求,应采用化学滴定或原子吸收法分析各产物的 Fe 含量)。

（四）实验内容和步骤

（1）准备物料：称干量含铁固废物料 202 g，如果不干，则应烘干，从物料中取出 2 g样品。

（2）把磁性和非磁产物接料斗并排放在磁选机出料口，注意位置。

（3）把磁选机插头插上，并接通该机电源。

（4）调节磁极间距至 4 mm。

（5）旋转激磁旋钮，调节至 0.4 A，查出对应磁场强度并记录。

（6）调节隔板位置，并拧紧螺帽。

（7）选择靠走道一边的振动旋钮，即左振动旋钮（面对设备），旋转振动旋钮（往右），至手能明显感受到振动。加料后如果料走不快，还可增加振动强度。

（8）合上刷把。

（9）缓慢给料，要求呈一薄层并连续给料。

（10）给料完毕，再振动约 1 min，并清理磁性和非磁产物。

（11）把两产物分别烘干并称重，记录质量。

（12）对两产物进行取制样，取出约 2 g 的样品，装在样品袋中。

（13）重新称量剩余的非磁产物。

（14）把激磁电流调至 1.2 A，查出对应磁场强度并记录。

（15）重复（9）～（12）步骤。

（五）注意事项

（1）湿式 CTN 型永磁圆筒式磁选机的构造类型常为逆流型，它的给料方向与圆筒旋转方向相反，要注意分清。

（2）在清理磁性和非磁性产物时要注意不要漏掉产物，以免造成数据误差。

（六）实验结果计算

（1）分析。
对取得的 5 个样品进行全铁分析。

（2）计算固废磁性分离铁的总回收率。
根据 Fe 分析结果，作磁场强度与铁回收率累积曲线。

（七）问题与讨论

（1）如何根据固体废物的磁性选择磁选设备？

（2）磁选的基本条件是什么，怎样提高磁选机的磁力？

实验十三 固体废物电选实验

(一)实验目的

(1)了解电选的原理、方法和影响电选的主要因素。

(2)确定电选的主要条件。

(二)实验原理

电力分选简称电选,是利用物料各种组分在高压电场中电性的差异而实现分选的一种方法。

一般物质大致可分为电的良导体、半导体和非导体,它们在电场中有着不同的运动轨迹,加上机械力的共同作用,即可将它们互相分开。

电力分选对于塑料、橡胶、纤维、废纸、合成皮革、树脂等与某些物料的分离,各种导体、半导体和绝缘体的分离等都十分简便有效。

1.电力分选基本原理

(1)电晕电场区。

废物颗粒由给料斗均匀地给入辊筒上,随着辊筒的旋转进入电晕电场区,电晕极放电导致颗粒极化带负电荷,颗粒向滚筒电极迁移并放电,导体放电速度快。

(2)静电场区。

进入静电场区后,颗粒不再继续获得负电荷,但仍继续放电。导体颗粒放完全部负电荷,并从辊筒上得到正电荷而被辊筒排斥落下;非导体颗粒由于有较多的剩余负电荷,被吸附在辊筒上,带到辊筒后方被毛刷强制刷下;半导体颗粒的运动轨迹则介于导体与非导体颗粒之间,成为半导体产品落下,从而完成电选分离过程。

2.电选设备及应用

现在实验室型电选机大多数为电晕电场和复合电场两种,也有个别静电场。从结构形式来说,大多为鼓式。

电选机由高压直流电源和主机两部分组成。高压直流电源将常用单相交流电升压并将半波或全波整流成高压直流正电或负电以供给主机。现在国内实验室使用的电选机的电压在20~60 kV之间,大多数为20~40 kV,输出负电。

主机由辊筒、电极、毛刷、给矿斗、接矿斗以及分离格板(或分矿板)等几部分构成。辊筒直径为150～400 mm。辊筒宽度为150～400 mm,有内加热、外加热及无加热等几种。辊筒内加热或外加热能更好地分选。内加热采用电阻丝,外加热有采用红外灯的,常使鼓的表面保持在80 ℃以下。电选机处理量取决于辊筒直径及宽度。由每小时几千克至几十千克不等。电极结构有各种形式:有单根电晕丝、多根电晕丝的电晕电场;有静电场(偏极)与电晕电场相结合的复合电极;还有尖削形的复合电极(又名卡普科电极)。目前国外卡普科电极比较普遍,其特点是将静电极与电晕极相结合,选矿效果较好。电选机及工作原理示意图如图13-1所示。

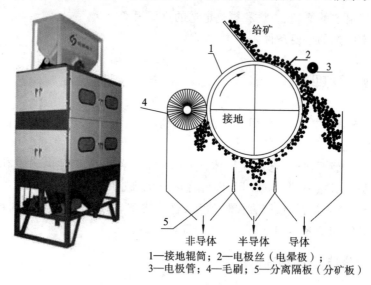

1—接地辊筒;2—电极丝(电晕极);
3—电极管;4—毛刷;5—分离隔板(分矿板)

图 13-1 电选机及工作原理示意图

(三)实验装置和仪器

实验室小型剪切式破碎机,3TZX-40型旋振筛(图13-2)。单辊筒电晕电选机:采用多元电晕-静电复合电极,分选电压0～60 kV且连续可调,分选圆筒转速30～300 r/min且连续可调。

(四)实验内容和步骤

为了防止污染和破碎机刀具的过度磨损,先将废板上的大块铁板、部分电池、电容拆解掉,然后将废印刷线路板切割成约10 cm×10 cm的小块,用于破碎实验。破碎后的物料经筛分后,取14～20目、20～30目、30～60目、60～120目和120～200目5个级别用于电选。分别测定破碎筛分后的5个级别物料的单体解离度。每个级别称取400 g物料,通过振动给料器均匀给到旋转电极表面,尽量保持单层,使每个

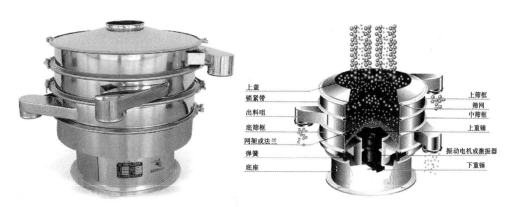

图 13-2　旋振筛及工作原理示意图

颗粒均受到电场力。5 个级别物料分别实验。由于铜粉和玻璃纤维、树脂在外观上差异明显,根据分选效果不断调整分选参数(电压、辊筒转速和进料速度等),直到每个级别获得较好的分选效果。最后将各产品分别称重,计算产率,在光学显微镜下进行初步分析,并测定金属含量。

(五)注意事项

(1)电压大小的调节。一般粒度大时,为使物料吸附在辊筒上,就需要提高电压,增大电场力,粒度小时电压可以小些。

(2)电极的位置和距离。一般电晕电极与辊筒的距离为 20～45 mm,与辊筒的夹角以 15°～25°为宜。

(3)辊筒转速的设定。若原料大部分为导体颗粒,为了提高导体产品质量,转速可稍小些。

(4)当要求导体纯净时,前分离隔板向前倾角可大些;若要求回收率高,则必须将前分离隔板向后倾。

(六)实验结果计算

实验结果记录表如表 13-1 所示。

表 13-1　实验结果记录表

粒径范围	＜14 目	14～20 目	20～30 目	30～60 目	＞60 目
金属解离度					
玻璃纤维强化树脂解离度					

(七)问题与讨论

(1)物料在辊筒形电选机电场中受有哪些力,其作用情况如何?

(2)国内外常见的电选机有哪些,说明其基本构造及工作原理。

(3)影响电选的因素有哪些?

实验十四 电子废弃物机械破碎与物理分选

(一)实验目的

(1)了解电子废弃物破碎和分选的目的。

(2)了解电子废弃物破碎和分选设备。

(3)掌握破碎和分选设备的使用方法。

(4)熟悉破碎和分选的实验流程。

(二)实验原理

电子废弃物通常含有大量的铅、铬、水银等有毒物质,污染大、危害广。若处置不当不仅造成资源的浪费,更会带来很严重的环境污染,甚至直接威胁人类健康。物理分选法的优点很多,发展潜力较大,只要充分利用物质的各种物理、化学性质的差异,借鉴矿物加工微细粒分选技术的成果,就能解决现行的传统物理分选得到的产品纯度不高的问题。近年来,随着对环境保护的重视及电子产品中贵金属的使用逐渐减少的趋势,电子废弃物的物理分选成为电子废弃物资源化的研究和正规的工业处理的主要方法。电子废弃物回收后,通过"拆解—破碎—分选"等专业化处置,可分选出铁、铜、铝、塑料、稀有贵金属等再生资源,其中分选主要包括密度差异分选、磁电差异分选、表面性质差异分选等。

密度差异分选:电子废弃物中物质成分复杂,密度差异较大,金属和塑料及其他非金属很容易按密度分离,常用设备是摇床。

磁电差异分选:利用颗粒在高压电场中所受电场力不同,实现金属与非金属分离。颗粒荷电方式有两种:一是通过离子或电子碰撞荷电,如电晕圆筒型分选机;二是通过接触和摩擦荷电,如摩擦电选。

表面性质差异分选:浮选是分选微细粒物料的有效手段。有机高分子表面疏水性强,而金属亲水性强,浮选很容易分离细粒级金属与塑料。只要控制好分散与团聚,浮选在分离有色金属和贵金属方面是很有发展前途的。

(三)实验装置和仪器

(1)电子废弃物若干。

(2)颚式破碎机(型号 PE60×100)1 台。

(3)振筛机(型号 XSB-88)1 台。

(4)方孔筛:规格 0.15 mm、0.3 mm、0.6 mm、1.18 mm、2.36 mm、4.75 mm 及 9.5 mm 的筛子各一个,并附有筛底和筛盖。

(5)磁选机(型号 XCGQ50)1 台(图 14-1)。

(6)台式天平(d_{max}=15 kg,e=1 g)1 台。

(7)摇床(型号 LY-1100×500)1 台(图 14-2)。

(8)真空过滤机(型号 SHZ-DⅢ)1 台(图 14-3)。

图 14-1　磁选机　　　　　　　图 14-2　摇床

图 14-3　真空过滤机

(四)实验内容和步骤

(1)称取电子废弃物样品500 g左右,精确至1 g。

(2)将样品倒入颚式破碎机进行破碎。

(3)破碎30 min后,收集破碎后的全部颗粒。

(4)将破碎后的颗粒倒入按孔径大小从上到下组合的套筛(附筛底)上。

(5)开启振筛机,筛分15 min。

(6)将不同孔径的筛子里的颗粒进行称重并记录数据。

(7)将称重后的颗粒混合,倒入颚式破碎机进行再次破碎,重复步骤(3)、(4)、(5)、(6)。

(8)将称重后的颗粒混合,倒入颚式破碎机破碎至所有颗粒均小于0.15 mm。

(9)将破碎后所得粉末缓慢均匀铺洒入摇床工作台,开启摇床,30 min后,收集不同出料位置的粉末,记录各位置粉末质量。

(10)称取重选后所得多金属富集粉末50 g,放入1 L的烧杯中加水至800 mL制成矿浆;为保证物料的分散性,用超声波超声处理矿浆1 min待用。

(11)磁选试验开始前,先用清水将玻璃管清洗干净,随后开启电机和尾矿出水阀,调节水流大小,使玻璃管中清水液面于磁极(35±5) mm处稳定;此时开启激磁开关调节激磁电流至设定值,然后缓慢均匀地加入充分分散的矿浆,此时微调水流大小依然应保证玻璃管中液面于磁极(35±5) mm处稳定;待玻璃管出水澄清、无明显悬浮颗粒时,停止加水;待玻璃管中的水放尽后,将激磁电流调至0,关闭激磁开关,再引入清水将附着于管壁的粉末冲洗至精矿桶;随后关闭电机和进水阀;收集被水冲刷而排出的粉末,烘干后记录质量。

(12)收拾实验室,完成实验结果与分析。

(五)实验结果计算

实验现象记录:称取电子废弃物质量$m_0 = $＿＿＿＿＿ g。

破碎前后颗粒过筛质量记录表如表14-1所示。

表 14-1　破碎前后颗粒过筛质量记录表

筛孔粒径/mm	破碎前			破碎后		
	筛余量/g	分计筛余量/(%)	累积筛余量/(%)	筛余量/g	分计筛余量/(%)	累积筛余量/(%)
9.5						

续表

筛孔粒径 /mm	破碎前			破碎后		
	筛余量/g	分计筛余量 /(%)	累积筛余量 /(%)	筛余量/g	分计筛余量 /(%)	累积筛余量 /(%)
4.75						
2.36						
1.18						
0.6						
0.3						
0.15						
筛底						
合计						
差量						
平均粒径						

分计筛余百分率:各号筛余量与试样总量之比,精确至0.1%。

累积筛余百分率:各号筛的分计筛余百分率加上该号以上各分级筛余百分率之和,精确至0.1%;筛分后,如每号筛的筛余量与筛底的剩余量之和与原试样质量之差超过1%,应重新实验。

重选后所得多金属富集粉末质量 $m_1 =$ _____ g。

重选后所得非金属组分质量 $m_2 =$ _____ g。

磁选后所得强磁性金属质量 $m_3 =$ _____ g。

磁选后所得弱磁性金属质量 $m_4 =$ _____ g。

(六)注意事项

(1)为避免电子废弃物破碎分选过程中产生的噪声、粉尘等污染对操作人员造成伤害,实验过程中操作人员应佩戴耳塞、口罩等防护用具。

(2)机体基础必须安装牢靠、平整,以防机体受力不均引起破裂。

(3)试车前必须检查破碎机的各个紧固件是否紧固,用手转动皮带轮观察其是否灵活,发现不正常,应查明原因并予以排除方可试车。

(4)筛分所测得的颗粒大小分布还决定于下列因素:筛子表面的几何形状(如开

口面积、总面积)、筛孔的偏差、筛子的磨损程度、筛子振动方式、筛分时间等。不同筛子和不同操作都对实验结果有影响,因此实验前应仔细检查设备的状态,按要求进行实验操作。

(5)取样误差、实验过程中样品的损失、称量误差等均会使实验产生误差,实验时应注意这三个环节。

(七)问题与讨论

(1)电子废弃物破碎对设备的特殊要求是什么?

(2)影响电子废弃物破碎料分选效果的因素有哪些?

(3)电子废弃物物理法回收的优缺点是什么?

实验十五 废弃电路板中多种金属含量的测定

(一)实验目的

随着信息科学与技术的高速发展,电子类产品的更新换代年限在不断缩短,被淘汰的电器、电子产品的数量在不断增长,电子产品每年理论报废量超过 5000 万台,并且以年均 20% 的速度增长。电子类产品中普遍含有多种金属,有一定的回收利用价值。

电路板是电子类产品的核心部分,每年产生的废弃电路板数量相当惊人,有研究显示废弃电路板大约占电子垃圾总量的 3%,电路板含非金属 70%(包括塑料、玻璃纤维等),铜 16%,焊料 4%,铁 3%,镍 2%,银 0.05%,金 0.03%,钯 0.01%,而不足电路板总质量 1% 的贵金属却占电路板回收价值的 80% 以上,而且与从金属矿山开采加工相比,从废弃电路板中提炼各种贵金属要容易得多。

不同类型的废弃电路板中的金属含量有很大的差别,明确各种金属的含量是判断废弃电路板回收价值的关键。通过本实验的学习,可以初步了解固体废物回收价值判别的相关知识,掌握多种金属溶解及测定的原理和流程。

(二)实验原理

王水(aqua regia)又称"王酸""硝基盐酸",是一种腐蚀性非常强的液体,是浓盐酸(HCl)和浓硝酸(HNO_3)按体积比 3:1 组成的混合物,几乎能溶解所有金属元素。通过王水将电路板中的金属转化为离子进入液相,再采用 AAS、ICP 等测试手段检测溶液中金属浓度,即可计算出原电路板中各金属含量。

(三)实验装置和仪器

1. 实验主要试剂

废弃电路板试样、硝酸(AR)、盐酸(AR)、去离子水。

2. 实验主要仪器

电子天平、热风枪(图 15-1)、高速粉碎机(图 15-2)、恒温水浴锅、锥形瓶、量筒、电感耦合等离子体发射光谱仪(ICP-AES)(图 15-3)。

图 15-1　热风枪

图 15-2　高速粉碎机

图 15-3　光谱仪

(四)实验内容和步骤

(1)采用热风枪对电路板上的元器件进行熔锡处理以取出元器件。

(2)将脱除元器件的电路板称重,然后剪成 1 cm×1 cm 的小块,用粉碎机将电路板粉碎,得到小于 100 目的粉末样品。

(3)称取 0.2 g 电路板粉末,采用王水(HNO_3:HCl=1:3)消解,水浴加热到 90 ℃,持续加热消解 3 h。

(4)过滤消解液,定容至 25 mL。

(5)重复步骤(3)、(4),共制备 3 份平行样。

(6)采用光谱仪测定消解液中铜、铁、锌、铝、金、银等多种金属的浓度。

(7)计算原电路板中各金属质量百分数。

(五)注意事项

(1)熔锡处理时应当注意热风枪的温度控制,防止电路板因温度过高而发黑、产生有毒气体。

(2)王水极易变质,因此必须现配现使用,且应该将硝酸加入盐酸中,不能反过来。

(3)王水具有强腐蚀性,实验过程中,操作人员应全程佩戴手套、防毒面具、护目镜等防护用品。

(4)每组样品应至少制备 3 个平行样。

(5)光谱仪测定过程中,各金属的标准曲线相关性系数应达到 99.9％以上。

(六)实验结果计算

某金属在废弃电路板中的含量按下列公式计算:

$$W_i = C_i \times V/M_0 \times 10^6 \times 100\%$$

其中,W_i——金属 i 的质量分数(％);

C_i——消解液中金属 i 的浓度(mg/L);

V——消解液体积(mL);

M_0——电路板粉末的质量(g)。

(七)问题与讨论

(1)王水能溶解金属的原理是什么?

(2)除金属外,电路板中的其他成分有哪些,应当如何鉴别?

(3)废弃电路板中金属的总回收价值该如何计算?

实验十六　废弃电路板中金属铜的回收

（一）实验目的

废弃电路板中含有大量的金属，其中铜占废弃电路板总质量的 10％～25％，占总金属含量的 60％以上，品位远远高于目前铜冶炼工业中采用的铜矿石。通过本实验的学习，可以初步了解含铜废弃物中铜的回收方法，掌握硫酸溶铜、冷却结晶制备硫酸铜的原理和流程。

（二）实验原理

电势-pH 图是表述电化学平衡的工具，在湿法冶金、金属腐蚀等科学领域中广泛应用。25 ℃、65 ℃下各离子活度为 1 时，$Cu-H_2O$ 系的电势-pH 图如图16-1所示。

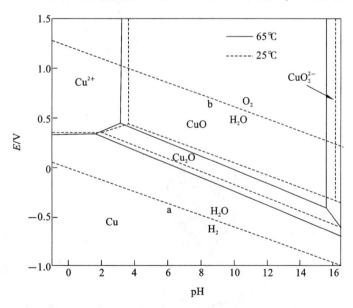

图 16-1　25 ℃、65 ℃下 $Cu-H_2O$ 系的电势-pH 图

本实验采用空气＋H_2SO_4进行浸出，浸出过程中主要化学反应式为：$2Cu+2H_2SO_4+O_2 \longrightarrow 2CuSO_4+2H_2O$。由电势-pH 图可知，只要控制一定的酸度，空气氧化、硫酸浸出废弃电路板中的铜从热力学角度分析是完全可行的。

　　五水硫酸铜的溶解度在不同温度下差异很大,利用废弃电路板中铜含量高及五水硫酸铜溶解度差异,可实现浸出液中铜的回收。

(三)实验装置和仪器

1. 实验主要试剂

废弃电路板多金属粉末试样、硫酸(AR)、去离子水。

2. 实验主要仪器

250 mL 的四口烧瓶、空气增压泵(图 16-2)、恒温水浴锅、抽滤装置、原子吸收分光光度计(AAS)(图 16-3)。

图 16-2　空气增压泵

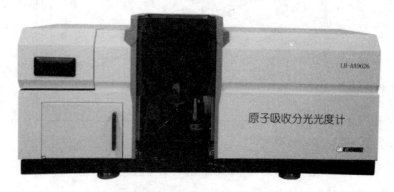

图 16-3　原子吸收分光光度计

(四)实验内容和步骤

(1)配置 1 mol/L 硫酸溶液。

(2)在 250 mL 的四口烧瓶中,加入 200 mL 硫酸溶液,置于 65 ℃的恒温水浴锅中加热,搅拌,转速为 300 r/min。

(3)启动空气增压泵,调节空气流量为 80 mL/min。

(4)取 10 g 废弃电路板多金属粉末试样,缓慢加入硫酸溶液中,开始计时。

(5)浸出 4 h 后,趁热过滤,量取滤液体积。

(6)取少量滤液,稀释后,采用 AAS 检测其中铜离子浓度。

(7)将步骤(5)中所得的浸出液在 90 ℃的恒温水浴锅中蒸发至饱和,通过冰水浴冷却结晶。

(五)注意事项

(1)硫酸稀释过程会剧烈放热,1 mol/L 硫酸溶液配置时应缓慢加酸入水,同时快速搅拌,一定不能反向。

(2)硫酸具有强腐蚀性,实验过程中,操作人员应全程佩戴手套、护目镜等防护用品。

(3)如结晶后的母液中仍含有硫酸铜,可返回浸出工序或结晶工序。

(六)实验结果计算

铜在硫酸浸出过程中的浸出率按下列公式计算:

$$L = \frac{C \times V}{M \times w} \times 10^6 \times 100\%$$

式中,L——铜的浸出率(%);

C——浸出液中铜的浓度(mg/L);

V——浸出液体积(mL);

M——电路板多金属粉末的质量(g);

w——电路板多金属粉末中铜的质量分数(%)。

铜的回收率按下列公式计算:

$$R = \frac{M_1 \times \frac{64}{250}}{M \times w} \times 100\%$$

式中,R——铜的回收率(%);

M_1——冷却结晶所得五水硫酸铜的质量(g);

M——电路板多金属粉末的质量(g)；

w——电路板多金属粉末中铜的质量分数(%)。

(七)问题与讨论

(1)除冷却结晶外,还有什么方法可以从硫酸铜溶液中回收铜？

(2)本实验中采用了哪些强化措施提升反应效率？

(3)未被硫酸溶解的成分是什么？

实验十七　固体废物压实实验

(一)实验目的

了解固体废物压实技术的原理和特点,掌握固体废物压实设备以及压实流程的有关原理和操作知识。

(二)实验原理

压实也称压缩,是利用机械的方法减少固体废物的孔隙率,将其中的空气挤压出来以增加固体废物的聚集程度的技术。

以城市固体废物为例,压实前密度通常为 $0.1 \sim 0.6$ t/m³,经过压实器或一般压实机械压实后密度可提高到 1 t/m³ 左右,因此,固体废物填埋前通常需要进行压实处理,尤其对大型废物或中空性废物,事先压碎显得更为必要。压实操作的具体压力大小可以根据废物的物理性质(如易压缩性、脆性等)而定。一般开始阶段,随压力的增加,物料的密度会较迅速增加,之后这种变化会逐步减弱,且有一定限度。实践证明未经破碎的原状城市垃圾,压实密度极限值约为 1.1 t/m³。比较经济的办法是先破碎再进行压实,这样可以很大程度上提高压实效率,即用比较小的压力取得相同的增加密度效果。目前压实已成为一些国家处理城市垃圾的一种现代化方法。该方法不仅便于运输,而且具有可减轻环境污染、可快速安全造地和节省填埋或储存场地等优点。

固体废物压实处理后,体积减小的程度叫压缩比。废物压缩比取决于废物的种类及施加的压力。压缩比一般为 $3 \sim 5$,同时采用破碎与压实技术可使压缩比增加到 $5 \sim 10$。

为判断压实效果,比较压实技术与压实设备的效率,常用下述指标来表示废物的压实程度。

(1)孔隙比与孔隙率。

固体废物可设想为各种固体物质颗粒及颗粒之间充满的空气孔隙共同构成的集合体。固体颗粒本身孔隙较大,而且许多固体物料有吸收能力和表面吸附能力,因此废物中水分子主要存在于固体颗粒中,而不存在于孔隙中,不占据体积。因此固体废物的总体积 (V_m) 就等于包括水分在内的固体颗粒体积 (V_s) 与孔隙体积 (V_v) 之和。即

$$V_m = V_s + V_v$$

则废物的孔隙比（e）可以定义为

$$e = V_v / V_s$$

在实际的生产操作中使用最多的参数是孔隙率（ε），可以定义为

$$\varepsilon = V_v / V_m$$

孔隙比或孔隙率越低，则压实程度越高，相应的密度就越大。孔隙率是反映堆肥工艺供氧、透气性及焚烧过程物料与空气接触效率的重要评价参数。

（2）湿密度与干密度。

忽略空气中的气体质量，固体废物的总质量（W_h）等于固体物质质量（W_s）与水分质量（W_w）之和，即

$$W_h = W_s + W_w$$

则固体废物的湿密度（D_w）可以由下式确定：

$$D_w = W_w / V_m$$

固体废物的干密度（D_d）可用下式确定：

$$D_d = W_s / V_m$$

实际上，废物收运及处理过程中测定的物料质量通常都包括了水分，故一般密度均是湿密度。压实前后固体废物密度值及其变化率大小，是度量压实效果的重要参数，也相对容易测定，因此比较实用。

（3）体积减小百分比。

体积减小的百分比（R）一般用下式表示：

$$R = [(V_i - V_f)/V_i] \times 100\%$$

式中，R——体积减小百分比（％）；

V_i——压实前废物的体积（m^3）；

V_f——压实后废物的体积（m^3）。

（4）压缩比与压缩倍数。

压缩比（r）可以定义为：

$$r = V_f / V_i \quad (r \leqslant 1)$$

显然，r 越小，则压实效果越好。

压实倍数（n）可定义为：

$$n = V_i / V_f \quad (n > 1)$$

由此可知，n 与 r 互为倒数，n 越大则压实效果越好。在工程上，一般以 n 来说明压实效果的好坏。

（三）实验装置和仪器

以城市垃圾压实机为例，小型的家用压实机可安装在橱柜下面；大型的可以压

缩整辆汽车,每日可压缩上千吨的垃圾。不论何种用途的压实机,其构造主要由容器单元和压实单元两部分组成。容器单元接收废物;压实单元具有液压或气压操作之分,利用高压使用废物致密化。移动式压实机一般安装在收集垃圾的车上,接收废物后即进行压缩,随后送往处置场地。固定式压实机一般设在处理废物运转站、高层住宅垃圾滑道底部以及需要压实废物的场合。按固体废物种类不同,压实机可分为金属类废物压实机和城市垃圾压实机两类。

1. 金属类废物压实机

金属类废物压实机主要有三向联合式和回转式两种。

(1)三向联合式压实机。

图 17-1 是适用于压实松散金属废物的三向联合式压实机示意图。它具有三个互相垂直的压头,固体废物被置于容器单元内,而后依次启动 1、2、3 三个压头,逐渐使固体废物的空间体积缩小,密度增大,最终达到一定尺寸。压实后尺寸一般为 200～1000 mm。

(2)回转式压实机。

图 17-2 是回转式压实机的示意图。废物被装入容器单元后,先按水平式压头 1 的方向压缩,然后按箭头的运动方向驱动旋转压头 2,最后按水平压头 3 的运动方向将废物压至一定尺寸排出。

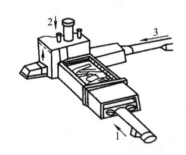

图 17-1 三向联合式压实机示意图

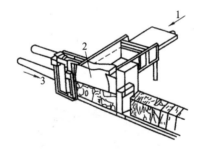

图 17-2 回转式压实机示意图

2. 城市垃圾压实机

(1)高层住宅垃圾压实机。

图 17-3 是高层住宅垃圾压实机的工作示意图。在开始压缩阶段,从滑道中落下的垃圾进入料斗,如图 17-3(a)所示。然后压臂全部缩回,处于起始状态,垃圾被充入压缩室内,如图 17-3(b)所示。随后,压臂全部伸展,垃圾被压入容器中,如图 17-3(c)所示,垃圾不断充入,最后在容器中压实,将压实的垃圾装入袋内。

(2)城市垃圾压实机。

城市垃圾压实机常采用与金属类废物压实器构造相似的三向联合式压实器及水平式压实器。其他装在垃圾收集车辆上的压实机、废纸包装机、塑料热压机等结构基本相似,原理相同。全自动液压固废压缩打包机如图 17-4 所示。

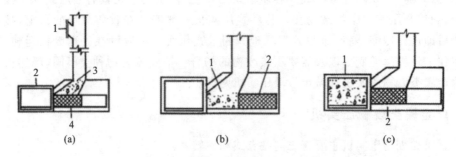

图 17-3　高层住宅垃圾压实机工作示意图
(a)1—垃圾投入口;2—容器;3—垃圾;4—压臂　(b)1—垃圾;2—压臂全部缩回
(c)1—已压实的垃圾;2—压臂

图 17-4　全自动液压固废压缩打包机

（四）实验内容和步骤

1. 实验准备

典型城市生活垃圾适量,工业垃圾适量,容器 2 个,实验材料质量、体积测量工具各 1 组。检查实验仪器的各工作部件运转是否正常。

2. 实验过程操作及记录

根据仪器使用说明书,确定实验步骤,并对实验材料压缩前和压缩后的质量、体积以及实验产物的质量进行详细的记录。

（五）注意事项

（1）注意固体废物的压实程度。
（2）注意选择的压实方式。
（3）注意压实过程中的情况。
（4）考虑压实后续处理。

（六）实验结果计算

根据实验过程的数据记录,对固体废物压缩前后的孔隙率、湿密度、体积减小百分率、压缩比和压实倍数进行计算。

（七）问题与讨论

（1）对实验结果进行讨论,分析误差产生原因。
（2）提出实验改进意见与建议。

实验十八　固体废物吸水率、容重、抗压强度测定

(一)实验目的

(1)了解固体废物吸水率、容重、抗压强度的基本意义。

(2)掌握固体废物吸水率、容重、抗压强度的测定方法和原理。

(二)实验原理

固体废物的吸水率是指材料试样被放入蒸馏水中,在规定的温度和时间内吸水质量和试样原质量之比。吸水率可用来反映材料的显气孔率。

固体废物的密度可以分为体积密度、真密度等。体积密度是指不含游离水材料的质量与材料的总体积之比;真密度是指材料质量与材料实体积之比。密度的测定依据是阿基米德原理。

固体废物的机械强度是指固体废物抗破碎的阻力。通常用静载下测定的抗压强度、抗拉强度、抗剪强度和抗弯强度来表示。抗压强度通常用来反映固体废物的机械强度。

(三)实验装置和仪器

(1)恒温干燥箱。

(2)天平。

(3)游标卡尺。

(4)容积密度瓶。

(5)标准筛 1 个。

(6)干燥器 1 个。

(7)研钵 1 个。

(8)万能实验材料测试机 1 台。

(9)实验试剂蒸馏水。

(10)电动抗折试验机(如图 18-1 所示)。

(11)抗折抗压试验机(如图 18-2 所示)。

图 18-1　电动抗折试验机

图 18-2　抗折抗压试验机

(四)实验内容和步骤

1. 吸水率测试

根据国家标准 GB/T 17431.1—2010 和 GB/T 17431.2—2010 测试烧成固体废物样品的吸水率,具体如下。将固体废物放在(110±5) ℃的烘箱中干燥至恒重后,放在有硅胶或其他干燥剂的干燥器内冷却至室温。称量和记录固体废物的干燥质量 m_0,精确至 0.01 g。然后将样品放入盛有水的容器中,如有颗粒漂浮在水面上,必须设法将其压入水中。样品浸水 1 h 后,将其倒入 5.00 mm 的筛子上,滤水 1~2 min,然后倒在拧干的湿毛巾上,用手抓住毛巾两端,使其成槽形,让固体废物在毛巾上往返滚动 4 次后,将固体废物取出称重,质量为 m。

固体废物的 1 h 吸水率 W 按以下公式计算:

$$W = \frac{m - m_0}{m_0} \times 100\%$$

式中,W——固体废物的 1 h 吸水率(%),计算精确到 0.01%;

　　m_0——烘干试样的质量(g);

　　m——浸水后试样的质量(g)。

2. 颗粒容重测试

按照相关规范测试烧成固体废物样品的颗粒容重。取适量样品,放入量筒中浸水 1 h,然后取出(可采用测完 1 h 吸水率的试样进行测定),称重 m。将试样倒入 100

mL 的量筒里,再注入 50 mL 清水。如有试样漂浮在水面上,可用已知体积(V_1)的圆形金属板压入水中,读出量筒的水位(V)。固体废物的颗粒容重计算公式如下:

$$\gamma_k = \frac{m \times 1000}{V - V_1 - 50}$$

式中,γ_k——固体废物颗粒容重(kg/m^3),精确至 $10\ kg/m^3$;

    m——试样质量(g);

    V_1——圆形金属板的体积(mL);

    V——倒入试样和放入压板后量筒的水位(mL)。

3. 抗压强度测试

按照国家标准 GB/T 4740—1999 在 WE-50 型液压式万能试验机上测试烧成固体废物样品的抗压强度。具体步骤如下:

①将样品制成直径(20 ± 2) mm、高(20 ± 2) mm 的试样;

②将试样置于温度为 110 ℃的烘箱中,烘干 2 h,然后放入干燥器,冷却至室温;

③测量并记录每块试样的直径和高度,精确至 0.1 mm;

④将试样放入试验机压板中心,并在试样两受压面垫 1 mm 厚的纸板;

⑤选择适当的量程,以 200 N/s 的速度均匀加载直至试样破碎(以测力指针倒转时为准),记录试验机指示的最大载荷。

样品抗压强度极限按下式计算:

$$\sigma_c = \frac{4P}{\pi D^2}$$

式中,σ_c——抗压强度(MPa),精确至 0.01 MPa;

    P——试样受压破碎的最大载荷(N);

    D——试样直径(mm)。

(五)注意事项

(1)样品从烘箱取出后必须立刻放入干燥器中,冷却后再称量,否则会吸收空气中的水分影响称重的准确度。

(2)样品必须烘至恒重,否则会影响实验测量的精度。

(六)实验结果计算

根据相关公式计算固体废物的吸水率、颗粒容重、抗压强度。

(七)思考题

(1)固体废物的性质对破碎处理有何影响?

(2)固体废物的哪些结构特征对其抗压强度有影响?

(3)固体废物的吸水率、颗粒容重和抗压强度之间有何种联系?

实验十九　固体废物浮选实验

（一）实验目的和意义

浮选是固体废物资源化利用技术中一项重要的工艺方法,可用于从粉煤灰中回收炭,从煤矸石中回收硫铁矿,从焚烧灰炉渣中回收金属等。本实验要达到以下目的:

(1)了解浮选药剂的作用和性能。

(2)掌握浮选机的构造和工作原理。

(3)学会利用浮选法从混合物料中分选出有用的物质。

(4)了解影响浮选效率的因素。

（二）实验原理

浮选是利用固体颗粒表面物理化学特性,在固体废物与水调制的料浆中加入浮选药剂,并通入空气形成无数细小气泡,使欲选物质颗粒黏附在气泡上,随气泡上浮至料浆表面,然后刮出回收;其他颗粒仍留在料浆中,通过适当处理后废弃。

粉煤灰是在高达 1500 ℃ 以上的温度下燃烧产生的,其天然疏水性较差。粉煤灰中的炭活性高,炭经过高温,表面及内部的有机质挥发从而使粉煤灰中的炭呈现海绵状,疏松多孔、比表面积大,因此具有很高的表面活性。炭在各粒级中分布不均,粒度细、碳含量低。干法排出的粉煤灰活性好,对各种药剂的吸附能力强;湿法排出的粉煤灰(尤其是堆灰场堆存的粉煤灰),由于已在水中发生了一系列的物理化学反应,而使粉煤灰(主要是炭)的活性明显下降。入选粉煤灰中,粒度越粗,碳含量越高。由于粗粒炭质量高,与气泡碰撞后,容易脱附,浮选速率低,预先筛出这部分粗粒,对浮选是十分有利的。而这部分粗粒级物料,通过适当的分选方法可提纯成碳含量达 95% 以上的产品,可制成高质量的活性炭或电极糊等,提高了产品的附加值。电选和浮选在粉煤灰脱碳中有着各自的使用范围和优缺点:电选适合中粗粒(>45 μm),优点是无须干燥、成本低,缺点是尾灰含碳量较高,适用含碳较低的干灰;浮选适合中细粒(<100 μm),优点是尾灰碳含量低,缺点是需干燥、流程较复杂,适合各种粉煤灰。

本实验从含炭混合物料(碳酸钙和活性炭的混合灰)中浮选回收炭,原理是利用炭粒表面的疏水性较强,通过捕收剂——煤油的作用使其疏水性进一步加强,容易黏附在气泡上;而碳酸钙颗粒表面亲水,不易黏附在气泡上,从而两者可通过浮选分离。因为物质颗粒表面的疏水性能和亲水性能可以通过浮选药剂的作用而加强,所以在浮选工艺中正确选择、使用浮选药剂是调整物质可浮性的主要外因。

浮选药剂根据在浮选过程中的作用不同,可分为捕收剂、起泡剂和调整剂三大类。

(1)捕收剂:能够选择性地吸附在预选的颗粒上,使目的颗粒疏水性增强,提高可浮性,并牢固地黏附在气泡上而上浮。常用的捕收剂有异极性捕收剂(黄药、油酸等)和非极性类捕收剂(煤油等)两类。

(2)起泡剂:是一种表面活性物质,主要作用在水气界面上,使该界面张力降低,促使空气在料浆中弥散,形成小气泡,防止气泡兼并,增大分选界面,提高气泡与颗粒的黏附性和上浮过程中的稳定性,以保证气泡上浮形成泡沫层。常用的起泡剂有松油、松醇油和脂肪醇等。

(3)调整剂:调整捕收剂与物质颗粒表面之间的作用,还可以调整料浆的性质,提高浮选过程中的选择性。按其作用可分为活化剂(如硫化钠、硫酸铜)、抑制剂(如水玻璃、单宁、淀粉)、介质调整剂(酸类和碱类)、分散剂(如苏打、水玻璃、聚磷酸盐)与混凝剂(如石灰、明矾、聚丙烯酰胺)。

由于燃料油和仲辛醇等都是非水溶性物质,在水中分散性差,而浮选时,需要药剂在水中充分分散,与矿粒表面充分作用,因此,浮选中的高浓度、强搅拌是十分必要的。

浮选效率用精煤回收率计算,即:

$$浮选效率＝回收精煤质量(g)/取样粉煤灰质量(g)×100\%$$

(三)实验装置和仪器

1.实验仪器

(1)浮选机和浮选槽(图 19-1)。

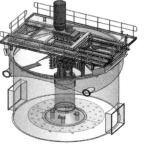

图 19-1　浮选机及浮选槽结构示意图

(2)烘箱。

(3)普通天平。

(4)漏斗和抽滤装置。

(5)移液管。

(6)坩埚、烧杯、滤纸、滴管和玻璃棒若干。

2. 实验试剂及材料

(1)捕收剂:柴油或煤油。

(2)起泡剂:仲辛醇。

(3)介质调整剂:氢氧化钠溶液和硫酸溶液。

(4)蒸馏水。

(5)粉煤灰。

(四)实验内容和步骤

(1)调试浮选槽。

调整好浮选槽的位置,使叶轮不与槽底和槽壁接触,加水调试至充气良好,标好位置,并在以后的各次实验中保持位置不变。

(2)加样。

称取适量的粉煤灰倒入浮选槽内,往槽中加水至隔板的顶端,开动浮选机搅拌 1～2 min,使粉煤灰试样充分被水润湿(工业上将破碎、磨碎后粒度适宜、基本上单体解离的颗粒物料调制成浓度为 15%～35%的料浆)。

(3)加药。

先用移液管滴加 NaOH 溶液调节 pH 值,边搅拌边慢慢滴加,用 pH 试纸检测 pH 值至 8～9 为止。然后加捕收剂——煤油(约 20 mL/kg 粉煤灰),搅拌 5 min,使煤油与物料充分接触。再加起泡剂仲辛醇(5 mL/kg 粉煤灰),注意不要加太多,搅拌 5 min。记录各种药剂总用量。

(4)浮选。

插入插板,补加水至距出口 1 cm 左右,见有泡沫沿槽边溢出而无水遗留为宜。

(5)刮泡沫渣。

用刮板刮出泡沫渣层(若料浆中还有较多欲选物质——炭粒,可重复上述加捕收剂和起泡剂的步骤,并刮出泡沫渣层),收集至小瓷盆中过滤脱水,烘干称重,即浮选出产品——精煤。

(6)记录并进行数据处理,计算浮选的精煤回收率。

(五)数据记录及处理

表 19-1　实验记录表

编号	碳酸钙重 Q_1/g	炭粒重 Q_2/g	炭粒含量 /(%)	物料浓度 /(%)	耗煤油量 /mL	耗仲辛醇量 /mL	浮选效率 /(%)
1							
2							
3							
4							
5							

(六)注意事项

(1)按要求操作仪器,避免出现操作失误造成人身、设备安全事故。

(2)在浮选过程中,观察泡沫大小、颜色、虚实(矿化程度)、韧脆、光泽、轮廓、厚薄程度、流动性、声响等物理特性。

(七)思考与讨论

比较讨论物料浓度、药剂用量、浮选机搅拌强度等对浮选回收效率各有什么影响。

实验二十　固体废物微波消解实验

(一)实验目的

(1)掌握微波消解的方法。
(2)熟悉微波消解仪的操作步骤。

(二)实验原理

微波(microwave)是指频率为 300～300000 MHz 的电磁波。通常,溶剂和固体样品中目标物由不同极性的分子或离子组成,萃取或消解体系在微波电磁场的作用下,具有一定极性的分子从原来的热运动状态转为跟随微波交变电磁场而快速排列取向的状态。分子或离子间就会产生激烈的摩擦。在这一微观过程中,微波能量转化为样品分子的能量,从而降低目标物与样品的结合力,加速目标物从固相转为溶剂相。

(三)实验装置和仪器

1. 仪器及工作条件

高压密闭微波消解仪如图 20-1 所示;其消解罐结构如图 20-2 所示。

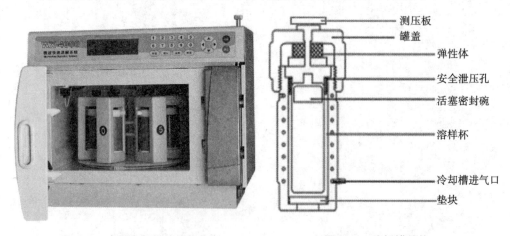

图 20-1　高压密闭微波消解仪　　　图 20-2　消解罐结构

2.试剂与标准溶液

优级纯高氯酸、硝酸、过氧化氢,二次去离子水(超纯水)。

(四)实验内容和步骤

1.土壤样品制备

将采集的土壤样品(一般不少于500 g)混匀后用四分法缩分至100 g,缩分后的土样经风干后,除去土样中的石子和动植物残体等异物,用玛瑙研钵将土壤样品碾压,过2 mm尼龙筛除去粒径2 mm以上的沙砾,混匀。将上述土样进一步研磨,再过100目尼龙筛,试样混匀后备用。

2.样品消解实验步骤

(1)准确称取0.5000 g上述干燥的土壤样品(105 ℃干燥2 h),置于聚四氟乙烯(PTFE)溶液杯中,依次加入5 mL硝酸、2 mL高氯酸、1 mL过氧化氢,振摇使之与样品充分混合,放置等待反应完毕,加盖。

(2)将该样品杯放入消解外罐,拧上外罐罐盖,放入MDS-2002A型高压密闭微波消解仪炉腔内。设定微波消解压力(时间)程序为:①0.5 MPa(1 min);②1.5 MPa(3 min);②2.5 MPa(4 min)。按微波炉的启动开关,同时按运行消解程序键,开始进行样品消解。

(3)待微波消解完成后,取出消解罐,冷却5～10 min后打开外罐上盖,小心取出样品杯,再打开溶液杯杯盖。

(五)注意事项

(1)对于可能发生剧烈化学反应,产生大量气体有机样品,必须进行样品预处理,预防消解过程发生爆炸。

(2)本微波炉为专用消解炉,禁止加热食品和使用金属容器加热。

(3)不要消解浓碱、浓盐溶液,否则消解过程析出盐形成结晶吸收微波,会将容器炭化或产生电弧,损坏容器。

(4)消解罐使用前所有元件必须干燥,无颗粒物质。防止沾上酸溶剂等杂质,否则微粒和液滴将吸收微波,引起局部过热而炭化,损坏容器。

(5)装溶液杯前必须检查罐体内是否已经放好垫块,否则压力不上升会导致溶液杯变形甚至消解罐爆裂。

(6)每次溶液前,必须检查或扩张密封碗,保证其密封性良好。

(7)消解完样品后,必须清洁消解炉和消解内外罐,直至所有部件干净和无酸味。

(六)实验结果记录

记录样品消解情况并进行相关计算。

(七)问题与讨论

(1)微波消解仪可以消解哪些种类的样品?
(2)影响消解效果的因素有哪些?

实验二十一　污染土壤中重金属的测定实验

(一)实验的目的

(1)规范土壤中重金属元素消解方法。

(2)理解土壤中重金属的危害性。

(二)实验原理

土壤样品和酸的混合物吸收微波能量后,酸的氧化反应活性增加,在高温、高压条件下可将样品中的金属元素释放到溶液中。

(三)实验仪器及材料

1. 仪器与设备

(1)微波消解装置。

采用密闭微波消解装置,能同时进行多个样品的前处理。一般功率为 $400 \sim 1600$ W,感应温度控制精度为 ± 2.5 ℃,配备微波消解罐。微波消解装置如图 21-1 所示。

(2)分析天平:精度为 0.0001 g。

(3)温控加热设备:温度控制精度为 ± 5 ℃。

(4)原子吸收分光光度计,如图 21-2 所示。

2. 试剂与材料

(1)蒸馏水或去离子水,电阻率 $\geqslant 18$ MΩ · cm(25 ℃)。

(2)硝酸 HNO_3 浓度为 1.42 g/mL。

图 21-1　微波消解装置

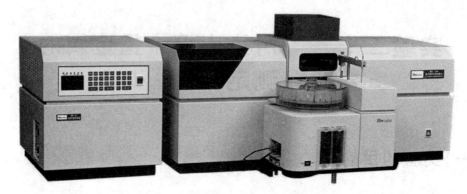

图 21-2　原子吸收分光光度计

(3)盐酸 HCl 浓度为 1.19 g/mL。

(4)氢氟酸 HF 浓度为 1.16 g/mL。

(5)高氯酸 $HClO_4$ 浓度为 1.67 g/mL。

(6)硝酸溶液:(1+99)硝酸,用硝酸(2)配制。

(7)硝酸溶液:(1+1)硝酸,用硝酸(2)配制。

(四)实验步骤

(1)样品的预处理与保存。

将污染土壤经过风干、破碎、研磨,过 100 目筛(0.15 mm),于阴凉处保存。

(2)样品的消解。

称取过筛后样品 0.25~0.5 g(精确至 0.0001 g)置于消解罐中,用少量实验用水湿润。在防酸通风橱中,依次加入 6 mL 硝酸、3 mL 盐酸、2 mL 氢氟酸,使样品和消解液充分混匀。若有剧烈化学反应,待反应结束后再加盖拧紧。将消解罐转入消解罐支架后放入微波消解装置的炉腔中,确认温度传感器工作正常。按照表的升温程序进行微波消解,程序结束后冷却。待罐内温度降至室温后在防酸通风橱中取出消解罐,缓缓泄压放气,打开消解罐盖。

表 21-1　微波消解升温程序

升温时间/min	消解温度/℃	保持时间/min
7	室温→120	3
5	120→160	3
5	160→190	25

(3)消解液的获取。

将消解液转移到聚四氟乙烯坩埚,用少许实验用水洗涤消解罐和盖子,并转移至坩埚。将坩埚置于温控加热装置上以微沸状态进行赶酸。待液体呈黏稠状时,取下稍冷却,用滴管取少量硝酸冲洗坩埚内壁,利用余温溶解附着在坩埚壁上的残渣,转移至 25 mL 容量瓶,再用少量硝酸重复上述步骤至少三次,将润洗液也一并倒入容量瓶中,然后用硝酸定容,混匀,静置 60 min 取出上清液。

(4)重金属含量的测定。

将所取上清液过 0.22 μm 滤膜,利用原子吸收分光光度计测定溶液中的重金属含量,并进行换算。

(五)数据处理与报告

$$重金属含量=\frac{重金属浓度\times 25}{m}$$

式中,重金属含量——mg/kg;

重金属浓度——mg/L;

m——样品质量。

每个样品至少做 3 个平行实验,其平行样间的结果误差不超过 10%,取算术平均值作为实验结果。

(六)注意事项

(1)所用的器皿均需用洗涤剂清洗干净,并用硝酸溶液浸泡 24 h 以上,再用自来水及去离子水清洗,自然干燥。

(2)为避免消解液损失和发生伤害事件,消解后的消解罐必须冷却至室温才能开盖。

(3)本实验所有的消解操作均应在通风橱中进行,并且做好安全措施和防护。

(七)问题与讨论

(1)若开盖后观察到溶液中有残渣,该如何处理?

(2)若所测重金属浓度低于原子吸收仪器的检测下限,该如何应对?

实验二十二　污染土壤中有机污染物的测定实验

（一）实验目的

采用加速溶剂萃取法（ASE）对被污染土壤中有机污染物进行萃取和测定，获得土壤中有机污染物的种类和相应含量，从而对该土壤进行人体健康、生态和环境的风险评估。

（二）实验原理

加速溶剂萃取法（ASE）根据溶质在不同溶剂中溶解度不同，在较高的温度和压力下选择合适的溶剂高效、快速地萃取固体或半固体样品中的待测物。与传统萃取技术相比，ASE技术具有操作简单、萃取效率高、萃取时间短、回收率高、所需溶剂用量少、对环境二次污染小等优势。

（三）实验装置和仪器

仪器：快速溶剂萃取仪（图22-1）、气相色谱-质谱联用仪、自动进样器、全自动氮吹浓缩仪（图22-2）、固相萃取仪（图22-3）、超纯水机等。

图22-1　快速溶剂萃取仪

图22-2　全自动氮吹浓缩仪

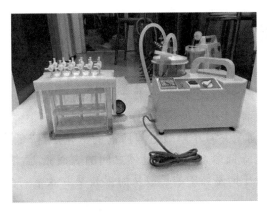

图 22-3　固相萃取仪

试剂:正己烷、二氯甲烷、乙酸乙酯、甲醇、无水 Na_2SO_4、弗罗里硅土溶剂,以及待测有机物混合标样。

溶剂:甲醇、十氯联苯。

(四)实验步骤

色谱条件:色谱柱 0.25 mm×0.25 μm×30 cm,载气氦气纯度为 99.999%;柱温箱升温时,70 ℃保持 1 min,以每分钟提升 25 ℃的速度达到 160 ℃,每分钟提升 3 ℃的速度达到 220 ℃,每分钟提升 25 ℃的速度达到 280 ℃,保持 5 min。不分流进样,进样量为 1 μL,温度为 280 ℃,在 m/z 为 30~550 的范围内全扫描。

质谱条件:EI 电离模式,轰击能量为 70 eV;离子源、四级杆的温度分别为 230 ℃、150 ℃;溶剂延迟 5 min。定性分析采用 SCAN,定量分析采用 SIM,进行分段监测。

快速溶剂萃取条件:快速溶剂萃取温度为 103 ℃,压力为 10.24 MPa,加热时间为 5 min,静态萃取时间为 7 min。

(1)称量土壤样本 10 g,加适量粗硅藻土,混匀后置于萃取池中。

(2)把萃取池放在萃取仪的转盘上,加入正己烷、乙酸乙酯、二氯甲烷混合液。

(3)在设置好的萃取条件下进行萃取,提取液进入无水硫酸钠柱干燥,并使用混合液清洗样品。

(4)对提取液、洗涤液合并,置于浓缩瓶中氮吹浓缩至 2 mL。

(5)使用 10 mL 正己烷、乙酸乙酯、二氯甲烷混合液,预先活化弗罗里硅土柱,将浓缩液加入弗罗里硅土柱净化,使用鸡心浓缩瓶接收,并使用混合液冲洗小柱,加入洗脱液,经干燥、氮吹浓缩处理,加入正己烷定容至 1 mL,即可进行检测。

(6)在设定好的条件下对浓缩液进行气相色谱-质谱测试,获得相应有机污染物的浓度。

(五)注意事项

(1)升高温度。

温度的提高有利于克服基体效应,能极大地减弱由范德华力、氢键、溶质分子和样品基体活性位置的偶极吸引力所引起的溶质与基体之间很强的相互作用力,从而加强溶质分子的解吸动力并减小解吸过程所需的活化能,降低溶剂黏度,减小溶剂进入样品基体的阻力,降低溶剂和样品基体之间的表面张力,溶剂能更好地"浸润"样品基体,加速溶剂分子向基体中的扩散从而提高萃取效率。本实验采取的温度为103 ℃。

(2)增加压力。

液体的沸点一般随压力的升高而提高,增加压力使溶剂在高温下仍保持液态,并快速地充满萃取池,液体对溶质的溶解能力远大于气体对溶质的溶解能力,提高了萃取效率,并保证易挥发性物质不挥发,增加了系统的安全性。该仪器的允许压力范围为 7~12 MPa,本实验设置压力为 10 MPa。

(3)多次循环。

根据分析化学中少量多次的萃取原则,在萃取过程中利用溶剂的多次静态循环,最大限度地接近动态循环,提高萃取效率。本实验采用 2 次循环即可达到良好的萃取效果。

实验二十三　土壤样品中可溶性盐分测定

(一)实验目的

　　土壤水溶性盐是盐碱土的一个重要成分,是限制作物生长的一个影响因素。分析土壤中可溶性盐分的阴、阳离子含量,和由此确定的盐分类型和含量,可以判断土壤的盐渍化状况和盐分动态,以作为盐碱土分类和改良利用的依据。通过本实验的学习,可初步了解土壤性质鉴别的相关知识,掌握土壤中可溶性盐分总量测定的原理和流程。

(二)实验原理

　　土壤样品和水按一定的比例混合,经过一定时间振荡后,将土壤中可溶性盐分提取到溶液中,然后将水土混合液进行过滤,滤液可作为土壤可溶性盐分测定的待测液。

　　取一定量的待测液蒸干,再在 $105 \sim 110$ ℃条件下烘干,直至恒重,称为"烘干残渣总量",它包括水溶性盐类及水溶性有机质等的总和。用 H_2O_2 除去烘干残渣中的有机质后,即为水溶性盐总量。

(三)实验装置和仪器

1.实验主要试剂

　　去 CO_2 水、15% H_2O_2(AR)。

2.实验主要仪器

　　往复式电动振荡机、离心机、真空泵、巴氏漏斗、广口塑料浸提瓶(1000 mL)、电热板(图 23-1)、水浴锅、干燥器、烧杯、瓷蒸发皿、1/100 扭力天平(图 23-2)、分析天平(1/10000)。

(四)实验内容和步骤

　　(1)将土壤样品风干,过 1 mm 筛孔。

图 23-1　电热板

（2）称取筛分后的土样 100.0 g 放入 1000 mL 广口塑料浸提瓶中。

（3）加入去 CO_2 水 500 mL，用橡皮塞塞紧瓶口，在振荡机上振荡 3 min，立即用抽滤管（或漏斗）过滤，过滤最初阶段的约 10 mL 滤液弃去。

（4）吸出清晰的待测液 50 mL，放入已知质量的烧杯或瓷蒸发皿中，移放在水浴锅中蒸干。

（5）放入烘箱，105～110 ℃烘 4 h，取出，放在干燥器中冷却约 30 min，在分析天平上称重。

（6）再重复烘 2 h，冷却，直至恒重，前后两次质量之差不得大于 1mg。

图 23-2　扭力天平

（7）在上述烘干残渣中滴加 15％ H_2O_2 溶液，使残渣湿润，再放在沸水浴锅中蒸干。

（8）重复步骤（7），直至残渣完全变白为止，再按步骤（5）、（6）烘干，直至恒重。

（五）注意事项

（1）浸出液应存于干净的玻璃瓶或塑料瓶中，不能久放，测定最好能在浸出当天做完。

（2）如不用抽滤，也可用离心分离，分离出的溶液必须清晰透明。

（3）如滤液浑浊，应重新过滤，直到获得清亮的浸出液。

（六）实验结果计算

$$w=(W_2-W_1)/W\times100\%$$

式中，w——水溶性盐含量（％）；

W——与吸取浸出液相当的土壤样品质量(g)；

W_1——烧杯或瓷蒸发皿质量(g)；

W_2——残渣与容器总质量(g)。

(七)问题与讨论

(1)土壤中的可溶性盐分具体有哪些？可分别通过什么方式进行鉴别？

(2)土壤盐分过高有哪些危害？

实验二十四　废旧涤棉织物的脱色实验

(一)实验目的

掌握采用相似相溶原则对废旧纺织品中染料进行去除,对废旧纺织品的回收或资源化利用进行预处理的方法。

通过该实验的学习,可初步了解废旧纺织品脱色技术的原理、特点和影响因素,掌握废旧纺织品脱色效果的评价指标和脱色流程等相关知识。

(二)实验原理

分散染料分子小、极性强,脱色剂 N,N-二甲基乙酰胺(DMAc)、二甲基亚砜(DMSO)均为高极性有机溶剂,能溶解分散染料,是优良的极性有机化合物。根据相似相溶原理,在高于涤纶玻璃化温度下,涤纶呈溶胀状态,纤维无定形区分子链活动产生空隙,有机溶剂会进入纤维内部空隙,染料多为极性有机化合物,纤维内部的染料会发生与上染相逆的热迁移,染料会重新迁移到纤维表面,使染料在纤维表面堆积,重新解吸到液相系统中,达到使涤纶织物脱色的目的。

脱色效果评价采用吸光度法:采用可见分光光度计作为监测脱色仪器,工作原理是根据样品对单色光的选择吸收进行定量和定性的分析,在一定浓度范围内,各参量遵循朗伯-比尔定律,即

$$A = \lg(I/I_0) = KCL$$
$$T = I/I_0$$

式中,A——吸光度;

$\quad T$——相对于标准试样的透射比;

$\quad I$——光透过被测样品后照射到光传感器上的强度;

$\quad I_0$——光透过标准试样后照射到光传感器上的强度;

$\quad K$——样品溶液的比消光系数;

$\quad L$——光路中样品溶液的长度;

$\quad C$——样品溶液的浓度。

(三)实验材料和仪器设备

1. 实验材料

废旧涤棉织物(涤纶:65%,棉:35%)、二甲基亚砜(DMSO)、N,N-二甲基酰胺(DMF)、N,N-二甲基乙酰胺(DMAc)、十二烷基磺酸钠、氢氧化钠。以上试剂都采用分析纯。

2. 仪器设备

电热干燥箱、电子天平(图 24-1)、恒温水浴锅、可见分光光度计(图 24-2)。

图 24-1　电子天平　　　　　　　　图 24-2　可见分光光度计

(四)实验内容和步骤

(1)将废旧涤棉织物浸没在皂煮液中进行皂煮,去掉织物上存在的油污、灰尘。

(2)将皂煮完后的样品水洗,烘干至恒重,剪切为小块,留作备用。

(3)在 250 mL 三角烧瓶中加入 10 g 干燥后的废旧涤棉织物。

(4)将 DMSO 与 DMAc 按 1∶1 比例组成脱色体系,按废旧涤棉织物/脱色剂物料比为 1∶15 加入三角烧瓶,放入数显恒温水浴锅中加热,达到 140 ℃时开始计时,脱色 15 min。

(5)将脱色完成的废旧涤棉织物用热水和冷水反复洗涤,烘干至恒重。

(6)采用吸光度法对脱色效果进行检测。

(五)注意事项

在研究织物脱色效果时,需要考虑温度、时间、脱色剂配比对织物强力、吸水性等特性的影响。

(1)温度对织物的脱色率和强力影响较大。随着温度的升高,织物脱色率相应升高,变化幅度较小;织物强力下降,变化幅度明显,且下降趋势逐渐变大。因此本实验选择最佳脱色温度为 140 ℃,此时织物强力损失率较小,脱色效果较好。

(2)随着时间的延长,织物脱色效果变好,吸水能力增加,强力下降明显,综合考虑经济效益、强力损失、吸水性能因素,当脱色时间为 15 min 时,织物脱色百分率较高,脱色效果显著,强力损失率较低;随着脱色时间的延长,脱色效果变化不大,但织物强力损失下降明显。因此,本实验选择脱色时间为 15 min。

(3)织物脱色率与 DMSO/DMAc 比例有关,当 DMSO 用量逐渐增大时,脱色率增加;当 DMAc 用量增加时,脱色率减小;当 DMSO 与 DMAc 比例为5∶5时,织物脱色率最大,脱色效果最好,强力损失率较小,此时,织物吸水性能优良。因此,本实验选择 DMSO 与 DMAc 比例为 5∶5。

(4)当织物与脱色剂物料比大于1∶15时,脱色剂不能完全浸润织物,脱色剂对织物溶胀效果较差,脱色效果不好;脱色剂用量逐渐增大时,织物脱色率增加趋势明显;当织物与脱色剂物料比为 1∶15 时,脱色率在 62% 左右,脱色效果较好;随着脱色剂用量的继续增大,脱色率变化不大。综合考虑脱色效果、强力损失、脱色剂回收、节能减排等因素,当脱色剂用量为1∶15时,织物脱色率较高,脱色效果较好,强力下降率较低。因此,本实验选择织物与脱色剂物料比为 1∶15。

(六)实验结果与计算

根据实验数据记录,计算废旧涤棉织物脱色率。数据的记录填入表 24-1。

表 24-1　废旧涤棉织物脱色率

织　　物	吸　光　度	脱　色　率
脱色前废旧涤棉织物		
脱色后废旧涤棉织物		

(七)问题与讨论

(1)影响废旧纺织品脱色效率的因素有哪些？并分别进行分析。

(2)废旧纺织品脱色的原理是什么？

(3)简述通过吸光度计算废旧纺织品脱色效果的过程。

实验二十五　稀酸水解法分离混纺废旧纺织品中纤维组分

(一)实验目的

实际生活中,单一原料的纺织品只占一小部分,混纺产品占 60% 左右,其中数量最大的当属涤棉混纺产品。混纺纤维组分往往由性质不同的纤维组成,与单一纯纺纤维相比,废弃混纺纤维的资源化利用方式受到了极大的限制。所以混纺废弃品的资源化利用应结合实际情况,根据其混纺成分各自的性能对其进行分离,然后进行资源化利用,增加资源化利用的效率和性能可控性。

通过该实验的学习,可初步了解混纺废旧纺织品组分分离的原理、特点和影响因素,掌握废旧纺织品分离效果的评价指标和流程等相关知识。

(二)实验原理及方法

混纺纤维中的棉纤维纤维素含量约为 94%,还有其他少量伴生物如纤维素、半纤维素等。酸水解时,大部分半纤维素溶解于酸溶液中。在适当的氢离子浓度、温度和时间作用下,纤维素大分子中的 β-1,4-糖苷键易断裂、聚合度下降。随着时间的延长,棉纤维的聚集态结构被破坏,逐渐分解成小粉末颗粒。而混纺纤维中的涤纶纤维酸稳定性较强,不容易被酸破坏。反应结束后,通过水洗、过滤将纤维和粉末分离。

用失重法评定分离效果。失重率高,则分离效果明显。相关公式如下:

$$wl = \frac{M_0 - M_1}{M_0} \times 100\%$$

式中,wl——纤维失重率(%);

M_0——原试样干重(g);

M_1——分离后回收纤维的干重(g)。

参照国家标准 GB/T 2910.11—2009《纺织品　定量化学分析　第 11 部分:纤维素纤维与聚酯纤维的混合物(硫酸法)》测定试样中棉纤维含量。当纤维失重率不小于国家标准测定值时,视原混纺纤维分离完全。

(三)实验材料和仪器设备

1.实验材料

废旧涤棉混纺纤维(65/35)、盐酸、硫酸、稀氨水。以上试剂都采用分析纯。

2.实验仪器设备

电子精密天平、恒温水浴锅、电热恒温干燥箱、生物电子显微镜(图 25-1)、显微图像分析仪(图 25-2)。

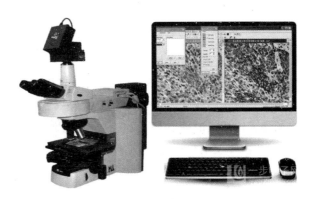

图 25-1　生物电子显微镜　　　　　　　　**图 25-2　显微图像分析仪**

(四)实验方法和步骤

(1)取 4 g 涤棉混纺纤维,加入 100 mL 质量分数为 10%、温度为 95 ℃的稀盐酸溶液中。

(2)在恒温水浴锅中反应 90 min 后,终止反应。

(3)清洗反应后的纤维,直至洗涤液没有明显变化。

(4)过滤洗涤液,收集剩余纤维及固体残渣,将纤维状物质添加到剩余纤维中。

(5)烘干纤维及固体残渣,在干燥器中冷却后称取干重。

(6)按照一定的时间间隔取样,测定其分离效果,并采用生物显微镜观测纤维反应前后形态的变化。

稀酸分离工艺流程图如图 25-3 所示。

图 25-3 稀酸分离工艺流程图

(五)注意事项

研究废旧涤棉混纺纤维分离效果时,需要考虑时间、温度、酸质量分数、固液比等因素对分离效果的影响。

1. 时间对分离效果的影响

随着反应时间的增加,纤维的失重率逐渐增加,在反应的前 20 min 内,纤维失重率增加较快;在 20～90 min 失重率增加趋势变缓,在 90 min 达到最大值;90 min 以后失重率基本不变。因为棉纤维素反应属于多相水解反应,在反应初期,酸首先攻击的是无定形区的糖苷键,反应迅速,纤维的失重率增加较快;中期为一级水解反应,水解主要发生在纤维的结晶区域,反应速度较慢。反应进行至 90 min,基本停止,所以反应时间选择为 90 min。

2. 酸质量分数对分离效果的影响

随着酸质量分数的增加,纤维的失重率呈增加的趋势。因为盐酸作为水解棉纤维素的催化剂,当氢离子浓度较高时,其与糖苷键结合的速度及概率也越大,棉纤维被破坏的程度也越高,纤维失重率不断增加,分离效果明显。综合考虑,本实验选用质量分数为 10% 的盐酸。

3. 温度对分离效果的影响

80 ℃之前纤维失重速度较快;80～90 ℃之间失重趋势变缓;90 ℃以后纤维失重加快。这是因为在反应前期,温度适中,较多的氢离子与棉纤维的表面及无定形区结合,水解纤维素迅速;在较高的温度下,酸主要在棉纤维的结晶区反应,由于该区纤维结构紧密,反应阻力大,速度变缓;温度继续升高,氢离子热运动加剧,纤维结构变得疏松,纤维素水解速率加快;在 95 ℃以后,盐酸的挥发性较大。考虑到时间与效率,反应温度选择 95 ℃较为适宜。

4. 固液比对分离效果的影响

随着固液比的增加,纤维的失重率逐渐增加,在 4 g/100 mL 时达到最大;之后再提高固液比,纤维的失重率反而下降。因为固液比较小时,作为反应物的棉纤维较少,大部分氢离子没有机会参与糖苷键的破坏;当固液比适中时,棉纤维结构破坏剧烈,水解也较为迅速;固液比较大时,纤维过度纠缠,阻碍了棉纤维与酸氧离子的接触,造成纤维失重率下降。所以本实验采取 4 g/mL 的固液比。

(六)实验结果与计算

根据实验数据记录,计算废旧涤棉混纺纤维组分分离效果。记录的数据填入表25-1。

表 25-1　实验结果记录表

原纤维(65/35)质量/g	稀酸处理后纤维质量/g	分离效果/(%)

(七)问题与讨论

(1)简述混纺废旧纺织品组分分离的目的与意义。

(2)除了稀酸水解法分离涤棉混纺废旧纺织品中组分,还有哪些试剂可以作为涤棉的分离试剂?并简述原理。

(3)稀酸水解法分离涤棉混纺废旧纺织品组分过程中应该注意哪几个因素,它们分别是怎样影响分离效果的?

实验二十六　废旧纺织品中重金属含量测定实验

(一)实验目的

废旧纺织品中常存在重金属,主要原因是原材料生长过程中从土壤或空气中吸收了重金属元素,或印染加工中使用含重金属的助剂,重金属络合染料,以及为了达到抗菌、防水等功能而添加一些重金属类添加剂。废旧纺织品不合理处置会造成土壤和地下水重金属污染,测定废旧纺织品中重金属含量是废旧纺织品处置手段选择的依据之一。

(二)实验原理

引入有机萃取体系的纺织品重金属残留总量的测定方法,样品经 H_2SO_4-HNO_3-$HClO_4$ 消解后,提取液用吡咯烷二硫代甲酸铵-乙酸乙酯萃取,与重金属发生络合反应,以原子吸收光谱法测定废旧纺织品中重金属铜、铬、钴、镍、铅和镉的残留量。

(三)实验材料和仪器

1.实验材料

浓硫酸(98%),浓硝酸(68%),高氯酸(3∶1),氨水(1∶1),20%柠檬酸溶液,乙酸乙酯,2%吡咯烷二硫代甲酸铵,上述试剂均为国产分析纯试剂。
标准贴衬织物:
棉(1.60×14tex,350×310/10 cm,ISO105/F021982);
毛(7.5×2/20tex,340×270/10 cm,ISO105/F011982);
丝(2.3×3/2.3×4tex,500×370/10 cm,ISO105/F061982)。

2.实验仪器

原子吸收光谱仪(附有铜、铬、钴、镍、铅和镉空心阴极灯)(图 26-1、图 26-2)。

图 26-1　火焰原子吸收光谱仪

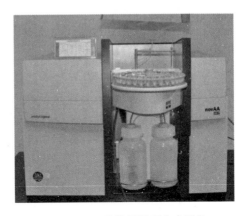

图 26-2　石墨炉原子吸收光谱仪

原子吸收光谱仪的基本工作原理如下。

原子吸收光谱法(AAS)就是利用气态原子可以吸收一定波长的光辐射,使原子中外层的电子从基态跃迁到激发态的现象建立的。由于各种原子中电子的能级不同,将有选择性地共振吸收一定波长的辐射光,这个波长恰好等于该原子受激发后发射光谱的波长。当光源发射的某一特征波长的光通过原子蒸气时,即入射辐射的频率等于原子中的电子由基态跃迁到高能态(一般情况下都就是第一激发态)所需要的能量频率时,原子中的外层电子将选择性地吸收其同种元素所发射的特征谱线,使入射光减弱。特征谱线因吸收而减弱的程度称吸光度 A,在线性范围内与被测元素的含量成正比。

$$A = KC$$

式中,K——常数;

C——试样浓度。

此式就是利用原子吸收光谱法进行定量分析的理论基础。

原子能级是量子化的,因此,在所有的情况下,原子对辐射的吸收都是有选择性的。各元素的原子结构与外层电子的排布不同,元素从基态跃迁至第一激发态时吸收的能量不同,因而各元素的共振吸收线具有不同的特征。因此可作为元素定性的依据,而吸收辐射的强度可作为定量的依据。AAS 现已成为无机元素定量分析应用最广泛的一种分析方法。该法主要适用于样品中微量及痕量组分分析。

火焰原子吸收光谱仪操作步骤如下。

(1)打开电脑—开机预热机器自检(使用火焰原子化时,无须打开机器左侧石墨炉化器的开关)—打开桌面工作站 spectrAA。

(2)点击"工作表格"选项中"New",确立文件储存位置后进入工作页面。

(3)点击"添加方法"选择所需检测的元素以及选定火焰测定图标—确定。

(4)点击"编辑方法"选项,"类型/模式"窗口中选择"手动测量",选择"峰高","光学参数"窗口中选择灯位(与仪器中所放灯位一致)以及所需灯流,"单色器"中选择适合的波长。

(5)"标样"窗口中,自行定义波数,在"校正"窗口中的"曲线拟合法"选项中选择"线性"—确定。

(6)在"标记顺序参数"窗口中选择报告,依据自己要求设置—确定。

(7)"标签"窗口中命名样品。

(8)"分析"窗口中选择窗口样品的试管位。

(9)点击"优化窗口"—确定—确定,先优化元素灯—点灯—优化信号—确定。

(10)开始测样。

(11)结束后,在文件中选择"关闭所有文件"—退出软件—关仪器开关。

(四)实验方法与步骤

(1)随机抽取代表性样品 10 g,剪碎后混合均匀。

(2)干燥恒重后准确称取 1.00～2.00 g 样品置于 100 mL 聚四氟乙烯烧杯中,缓缓加入 7 mL 浓硫酸、3 mL 浓硝酸和 2 mL 高氯酸混合,待激烈反应结束后,置于电热板上加热分解,直至不再产生黄绿色气体。

(3)冷却样液,用少量水冲洗内壁,继续蒸发出过量硝酸,待溶液澄清后,自然冷却并转移样液于 200 mL 分液漏斗。

(4)加入 2 mL 柠檬酸钠溶液并以氨水调 pH 至 2.5～3.0,加水至 30 mL,与 2 mL 吡咯烷二硫代甲酸铵溶液混合放置 3 min,加入 10 mL 乙酸乙酯,充分振摇、静置。

(5)取有机相,用原子吸收光谱仪分别测定铜、铬、钴、镍、镉和铅的吸光度。

(五)实验结果记录

吸光度与浓度对应记录表如表 26-1 所示。

表 26-1　吸光度与浓度对应记录表

	Cu	Cr	Co	Ni	Pb
吸光度					
浓度/(mg/L)					

(六)注意事项

(1)消解过程使用的器皿必须选用聚四氟乙烯材质,但是在实践中,有的实验者使用聚四氟乙烯坩埚,有的使用聚四氟乙烯烧杯。使用后者的优点在于烧杯有倾倒斜口,方便定容,缺点是烧杯没有盖,消解过程不能密封操作,会影响消解效果,而且对暴沸情况无法控制。使用聚四氟乙烯坩埚需要注意,在每次移走坩埚盖前,一定要使盖上凝结的酸液流入坩埚内,既可以避免试样的损失,又可以防止酸液滴落在电热板上。

(2)加热时间没有硬性规定,一般视消解效果而定。但是,最后驱赶酸雾的时间一定要充分,判断酸赶尽的标准是白色烟雾减少,也就是接近干的时候,杯内应该是透明、可流动的膏状物。整个消解过程千万不能干烧。

(3)消解温度在国标中没有指明,只是提到"终温加热""加热温度不宜太高,否则会使聚四氟乙烯坩埚变形"。刚开始加热时,温度不宜过高,否则容易"爆沸",一般将电热板温度控制在 120 ℃左右即可。

(4)在消解过程中,不能忽视操作中的自我保护问题,消解过程中所用的盐酸、硝酸、高氯酸等都是强酸,极具腐蚀性、刺激性,可致人体灼伤,挥发性酸易形成酸雾,对实验操作者呼吸系统可能造成严重伤害,所以整个消解过程应该在通风效果良好的通风橱内进行,操作过程中避免酸溅落在身体上。

(七)问题与讨论

(1)废旧纺织品中重金属的来源及存在形态有哪些?

(2)实验过程中可能存在何种干扰? 对结果有何影响? 如何消除?

实验二十七　农林生物质中纤维素、半纤维素和木质素含量测定

(一)实验目的

(1)掌握生物质中主要化学成分含量的经典分析方法和原理。

(2)了解纤维素、半纤维素以及木质素这三种主要化学成分在生物质热裂解中的作用。

(二)实验原理

植物的主要化学成分是纤维素、半纤维素和木质素。它们是构成植物细胞壁的主要组分。其中,纤维素组成微细纤维,构成纤维细胞壁的网状骨架,而半纤维素和木质素是填充在纤维和微细纤维之间的"黏合剂"和"填充剂"。

1. 纤维素

生物质粉末在加热的情况下用醋酸和硝酸的混合液处理,在这种情况下,细胞间的物质被溶解,纤维素分解成单个的纤维,木质素、半纤维素和其他的物质也被除去。淀粉、多缩戊糖和其他物质受到了水解。用水洗涤除去杂质之后,纤维素在硫酸存在下被重铬酸钾氧化成二氧化碳和水,反应式如下:

$$C_6H_{10}O_5 + 4K_2Cr_2O_7 + 16H_2SO_4 \Longrightarrow 6CO_2 + 4Cr_2(SO_4)_3 + 4K_2SO_4 + 21H_2O$$

过剩的重铬酸钾用硫酸亚铁铵溶液滴定,再用硫酸亚铁铵滴定同量的但是未与纤维素反应的重铬酸钾,根据差值可以求得纤维素的含量,反应式如下:

$$K_2Cr_2O_7 + 6FeSO_4 + 7H_2SO_4 \Longrightarrow 3Fe_2(SO_4)_3 + Cr_2(SO_4)_3 + K_2SO_4 + 7H_2O$$

2. 半纤维素

用沸腾的80％硝酸钙溶液使淀粉溶解,同时将干扰测定半纤维素的溶于水的其他碳水化合物除掉。将沉淀用蒸馏水冲洗以后,用较高浓度的盐酸大大缩短半纤维素的水解时间,将水解得到的糖溶液稀释到一定体积,用氢氧化钠溶液中和,其中的总糖量用铜碘法测定。

铜碘法原理:半纤维素水解后生成的糖在碱性环境和加热的情况下将二价铜还原成一价铜,一价铜以Cu_2O的形式沉淀出来。用碘量法测定Cu_2O的量,从而计算

出半纤维素的含量。

测定还原性糖的铜碱试剂中含有 KIO_3 和 KI，它们在酸性条件下会发生反应，且不会干扰糖和铜离子的反应。加入酸以后，会发生反应释放出碘，反应式如下：

$$KIO_3 + 5KI + 3H_2SO_4 \Longrightarrow 3I_2 + 3K_2SO_4 + 3H_2O$$

加入草酸以后，碘与氧化亚铜发生反应，反应式如下：

$$Cu_2O + I_2 + H_2C_2O_4 \Longrightarrow CuC_2O_4 + CuI_2 + H_2O$$

过剩的碘用 $Na_2S_2O_3$ 溶液滴定，反应式如下：

$$2Na_2S_2O_3 + I_2 \Longrightarrow Na_2S_4O_6 + 2NaI$$

3. 木质素

先用 1% 的醋酸处理以分离出糖、有机酸和其他可溶性化合物，然后用丙酮处理，分离叶绿素、拟脂、脂肪和其他脂溶性化合物，将沉淀用蒸馏水洗涤以后，在硫酸存在的条件下，用重铬酸钾氧化水解产物中的木质素，反应式如下：

$$C_{11}H_{12}O_4 + 8K_2Cr_2O_7 + 32H_2SO_4 \Longrightarrow 11CO_2 + 8K_2SO_4 + 8Cr_2(SO_4)_3 + 32H_2O$$

过量的重铬酸钾用硫酸亚铁铵溶液滴定，方法和测定纤维素相同。

（三）实验装置和仪器

1. 实验仪器

(1) 50 mL 酸式滴定管。

(2) 50 mL 碱式滴定管。

(3) 10 mL 离心试管若干。

(4) 不同型号烧杯若干。

(5) 250 mL 锥形瓶若干。

(6) 可调万用电炉（图 27-1）。

(7) 电动离心沉淀器（图 27-2）。

图 27-1　可调万用电炉

图 27-2　电动离心沉淀器

2. 实验试剂及材料

硫酸亚铁铵、重铬酸钾、硫代硫酸钠、硝酸钙、硫酸铜、碘化钾、可溶性淀粉、氯化钡、邻菲啰啉、丙酮、碘酸钾、草酸、酒石酸、浓硫酸、盐酸、冰醋酸、硝酸、酚酞。

(四)实验内容和步骤

1. 纤维素含量的测定(需时 5～6 h)

(1)所需溶液。

硝酸和醋酸的混合液、0.5 mol/L 硫酸-重铬酸钾溶液、试亚铁灵试剂、浓硫酸、0.1 mol/L 莫尔氏盐溶液、0.1 mol/L 重铬酸钾溶液。

(2)实验步骤。

①配制所需的各种溶液,0.1 mol/L 莫尔氏盐溶液在使用前的一周内准备,并在使用当天测定其滴定度 K。测定办法:取 25 mL 0.1000 mol/L(精确到小数点后四位,实际浓度设为 c mol/L)的重铬酸钾溶液,加入 5 mL 浓硫酸和 3～5 滴试亚铁灵试剂,用该莫尔氏盐溶液滴定,用去 m mL。则其滴定度 $K = 25 \times c/m$。

②称取自然风干的生物质粉末 0.05～0.06 g,质量为 n。

③将粉末装入离心管内,加入硝酸和醋酸的混合液 5 mL。

④塞住离心管,在沸水中煮沸 25 min,并定时搅拌。

⑤离心,倒去清液,加入蒸馏水离心洗涤沉淀,共洗三次(10 mL×3)。

⑥沉淀中加入 10 mL 0.5 mol/L 的硫酸-重铬酸钾溶液,沉淀溶解。搅匀,放入开水中 10 min,并定时搅拌。

⑦冷却,倒入洁净的 250 mL 锥形瓶中,用少许蒸馏水(10～15 mL)冲洗沉淀,将洗涤液合并到锥形瓶中,冷却后滴入 3 滴试亚铁灵试剂,用 0.1 mol/L 莫尔氏盐溶液滴定,用去 b mL,锥形瓶中液体由黄色经黄绿色至红褐色为终点。

⑧对照试验:取 10 mL 0.5 mol/L 硫酸-重铬酸钾溶液,稀释至 15 mL,冷却后滴入 3 滴试亚铁灵试剂,用 0.1 mol/L 莫尔氏盐溶液单独滴定,用去 a mL。

⑨生物质中纤维素的含量计算公式如下:

$$x = 0.00675 \times K(a-b)/n \times 100\%$$

式中,x——纤维素含量(%);

K——莫尔氏盐滴定度;

a——滴定 10 mL 0.5 mol/L 硫酸-重铬酸钾对照液所耗 0.1 mol/L 莫尔氏盐溶液的体积;

b——纤维素测定所耗 0.1 mol/L 莫尔氏盐溶液的体积;

n——分析材料样品重(g);

0.00675——纤维素的标准滴定度。

2. 半纤维素含量的测定(需时 7～8 h)

(1)所需溶液。

80%硝酸钙溶液、2 mol/L 盐酸、酚酞指示剂、2 mol/L 氢氧化钠溶液、碱性铜试剂、草酸-硫酸混合液、0.5%淀粉、0.01 mol/L 硫代硫酸钠溶液。

(2)实验步骤。

①称取自然风干的生物质粉末 0.1～0.2 g,质量为 n。将其装入小烧杯中,加入 15 mL 80%的硝酸钙溶液,盖好烧杯,加热至沸腾,在微沸情况下加热 5 min。

②微沸加热结束后,加入 20 mL 蒸馏水并洗涤烧杯盖,分步离心,分别用 10 mL 热水洗涤沉淀三次(10 mL×3)。

③在沉淀中加入 10 mL 2 mol/L 的盐酸,搅匀,沸水浴中搅拌情况下微沸 45 min,使半纤维素完全水解。将溶液离心,分别用 10 mL 蒸馏水冲洗残渣三次(10 mL×3),冲洗后的水溶液合并到先前的酸性离心液中。

④在第③步所得溶液中加入 1 滴酚酞指示剂,用 2 mol/L 氢氧化钠溶液中和到溶液显橙红色。

⑤烧杯溶液充分转入 100 mL 的容量瓶,稀释到 100 mL 刻度。用干燥滤纸将溶液过滤到干燥烧杯中,最初滤出的少量溶液抛弃。

⑥用移液管吸取 10 mL 滤液到大试管中,加入 10 mL 碱性铜试剂,盖好试管盖,在沸水中煮 15 min。冷却,在不断搅拌情况下逐渐加入 5 mL 草酸-硫酸混合液,加入 0.5 mL 0.5%淀粉,用 0.01 mol/L 硫代硫酸钠溶液滴定至蓝色消失,用去 b mL。

⑦对照试验:取 10 mL 碱性铜试剂,加 5 mL 草酸-硫酸混合液,再加未煮的 10 mL 滤液,加入 0.5 mL 0.5%的淀粉,0.01 mol/L 硫代硫酸钠溶液滴定至蓝色消失,用去 a mL。

⑧生物质中半纤维素的含量计算公式如下:

$$x = 0.009 \times 100[248 - (a-b)](a-b)/10000 \times 10 \times n \times 100\%$$

式中,x——半纤维素含量(%);

n——分析材料样品重(g);

a——滴定对照液所耗 0.01 mol/L 硫代硫酸钠溶液的体积(mL);

b——滴定分析液所耗 0.01 mol/L 硫代硫酸钠溶液的体积(mL);

0.009——己糖换算为纤维素的系数。

3. 木质素含量的测定(需时 23～24 h)

(1)所需溶液。

1%醋酸、丙酮、73%硫酸、10%氯化钡溶液、0.5 mol/L 硫酸-重铬酸钾溶液、0.1 mol/L 莫尔氏盐溶液、试亚铁灵试剂。

（2）实验步骤。

①标定新配的 0.1 mol/L 硫酸亚铁铵溶液,滴定度为 K。

②称取自然风干的生物质粉末 0.05～0.1 g,质量为 n,装入离心管,加入 10 mL 1%醋酸,摇动 5 min 混匀。

③离心,倒出上层清液。沉淀用 5 mL 1%醋酸浸泡洗涤,离心,倒出上层清液,加入 3～4 mL 丙酮,在摇荡的情况下浸泡 3 min,洗三次(3～4 mL×3)。

④用玻璃棒将沉淀沿管壁充分分散开,将离心管置于沸水中使沉淀充分干燥,要特别注意防止沉淀跳溅出管外。在干燥沉淀中加入 73%硫酸 3 mL,用玻璃棒搅匀,挤压成均匀的浆液,在室温下放置一夜(约 16 h),使纤维素彻底溶解,然后向离心管中加入 10 mL 蒸馏水,搅匀,置沸水中 5 min,冷却。

⑤加入 0.5 mL 10%氯化钡溶液,搅匀,离心,倒出上层清液,分别用 10 mL 蒸馏水冲洗沉淀两次(10 mL×2),每次要混匀。

⑥向沉淀中加入 10 mL 0.5 mol/L 硫酸-重铬酸钾溶液,放入沸水并不时搅拌 15 min。

⑦冷却,将离心管中内容物全部转入锥形瓶中,用少许蒸馏水(10～15 mL)冲洗沉淀,冲洗液合并入锥形瓶中,滴入 3 滴试亚铁灵试剂,用 0.1 mol/L 莫尔氏盐溶液滴定,用去 b mL,锥形瓶中液体由黄色经黄绿色至红褐色为终点。

⑧对照试验:以试亚铁灵试剂为指示剂,用 0.1 mol/L 莫尔氏盐溶液单独滴定 10 mL 0.5 mol/L 硫酸-重铬酸钾溶液,用去 a mL。

⑨生物质中木质素的含量计算公式如下:

$$x = 0.00433 \times K(a-b)/n \times 100\%$$

式中,x——木质素含量(%);

K——莫尔氏盐滴定度;

a——滴定 10 mL 0.5 mol/L 硫酸-重铬酸钾对照液所耗 0.1 mol/L 莫尔氏盐溶液的体积;

b——木质素测定所耗 0.1 mol/L 莫尔氏盐溶液的体积;

n——分析材料样品重(g);

0.433——木质素的标准滴定度。

（五）思考与讨论

（1）硫酸亚铁铵溶液为什么必须用一周内配制的,并在当天测定其滴定度 K?放置的时间越长,其滴定度 K 理论上是变大还是变小?

（2）测定木质素时为什么要将酸性沉淀放置一夜?

附

溶 液 配 制

硝酸和醋酸的混合液：取 10 mL 密度为 1.4（质量分数约为 70％）的硝酸加入 100 mL 80％ 的醋酸中，充分混合，保存于磨口玻璃瓶中。

0.5 mol/L 硫酸-重铬酸钾溶液：准确称取重铬酸钾（化学纯）25 g（精确到 0.01 g），溶解于 250 mL 蒸馏水中，装入容积不小于 2 L 的烧瓶中。在冰水浴的条件下，逐渐加入 800 mL 密度为 1.84（质量分数为 97％～98％）的浓硫酸，仔细混匀，充分摇振溶解。冷却后装入磨口玻璃瓶中，保存于暗处。

试亚铁灵指示剂：称取 1.458 g 邻菲啰啉（$C_{12}H_8N_2 \cdot H_2O$，1,10-phenanthroline），0.695 g 硫酸亚铁（$FeSO_4 \cdot 7H_2O$）溶解于水中，稀释至 100 mL，贮存于棕色瓶内。

0.1 mol/L 莫尔氏盐溶液（硫酸-硫酸亚铁铵溶液）：称取 40 g 莫尔氏盐（硫酸亚铁铵，$FeSO_4 \cdot (NH_4)_2SO_4 \cdot 6H_2O$），溶解于蒸馏水中，加入 20 mL 浓硫酸，用蒸馏水稀释到 1 L，混匀。该溶液须在使用前的一周内准备，并在使用当天测定其滴定度。

0.1 mol/L 重铬酸钾溶液：准确称取重铬酸钾（化学纯）4.9035 g，溶解于水中，转移至 1 L 的容量瓶中，加水至刻度，仔细混匀。

80％ 硝酸钙溶液：用粗天平称取 200 g 硝酸钙（$Ca(NO_3)_2 \cdot 4H_2O$），置于烧杯中，用 70 mL 蒸馏水溶解（如不溶，可稍加热溶解），用水将溶液体积补充到 250 mL，混匀。

2 mol/L 盐酸：吸取密度为 1.19（质量浓度 38.3％）的盐酸 167 mL 于 1 L 的容量瓶中，用蒸馏水稀释到刻度，混匀。

2 mol/L 氢氧化钠溶液：用粗天平称取 80 g 分析纯的氢氧化钠，溶解于 1 L 蒸馏水中，加热至沸腾，并煮沸 30 min，然后冷却。用无氨蒸馏水补足到 1 L，仔细混匀，并保存在有良好瓶塞（木塞等）的玻璃瓶中。注：将蒸馏水煮沸，用奈氏试剂检查至无明显黄色，即为无氨蒸馏水。

碱性铜试剂：称取 75 g 无水碳酸钠（Na_2CO_3），用 400 mL 蒸馏水溶解于 1 L 的烧杯中。称取 12 g 硫酸铜（$CuSO_4 \cdot 5H_2O$）和 21 g 酒石酸（$C_4H_6O_6$），用 400 mL 蒸馏水溶解于另一个烧杯中。在搅拌条件下将硫酸铜-酒石酸溶液逐渐注入碳酸钠溶液中（这是为了避免碳酸以二氧化碳形式逸出）。再向溶液中加入 0.890 g 碘酸钾（KIO_3）和 8 g 碘化钾（KI），搅拌使其溶解。所得溶液转入 1 L 的容量瓶中，用蒸馏水稀释到刻度，混匀将溶液转入 2 L 的烧杯中，盖上漏斗，置于盛有冷水的水浴锅中。加热使水沸腾并保持 5 min。之后，停放一夜使其冷却静置澄清，第二天将透明溶液转入玻璃瓶中保存。

草酸-硫酸混合液：称取 60 g 草酸（$C_2H_2O_4$），溶解于 800 mL 蒸馏水中，加入密度为 1.84 的浓硫酸 70 mL，将溶液用蒸馏水稀释到 1 L。

0.5％淀粉溶液：称取 2.5 g 可溶性淀粉和 10 mgHgI(防腐)，放入研钵，加少量水研磨，再倒入 500 mL 沸水中煮沸 1 min。如果需要，可再过滤。

0.01 mol/L 硫代硫酸钠溶液：称取 2.5 g 硫代硫酸钠（$Na_2S_2O_3 \cdot 5\,H_2O$）溶解于预先溶解有 0.2 g 碳酸钠的蒸馏水中，然后用蒸馏水稀释至 1 L，仔细混匀。其滴定度 K 的测定办法：取 2.5 mL 0.1 mol/L 的重铬酸钾溶液放入锥形瓶，加入 0.5 mL 20％ 的碘化钾溶液(KI)，1.0 mL 浓硫酸(1：9)和 0.1 mL 0.5％ 的淀粉溶液。用制备的 0.01 mol/L 硫代硫酸钠溶液滴定，用去 m mL。则其滴定度 $K = 25 \times 0.1/m$。

1％醋酸：量取 10 mL 冰醋酸，用蒸馏水稀释到 1 L，混匀。

73％硫酸：在冰水浴情况下，向 100 mL 蒸馏水缓慢加入 170 mL 浓硫酸。当溶液冷却到 20 ℃时，用密度计测定其密度，并通过补加入浓硫酸或蒸馏水使其密度等于 1.630。溶液保存在磨口玻璃瓶中。

10％氯化钡溶液：称取 10 g 氯化钡（$BaCl_2 \cdot 2\,H_2O$），充分溶解于 40 mL 蒸馏水中，再用蒸馏水稀释到 100 mL，混匀。

20％ 碘化钾溶液：称取 20 g 分析纯的碘化钾(KI)，充分溶解于蒸馏水中，再加 1 mL 2 mol/L 的氢氧化钠溶液，用蒸馏水补充至 100 mL，保存在棕色瓶中，置于阴暗处。

实验二十八 废弃生物质中纤维素、半纤维素和木质素的提取和分离

(一)实验目的

(1)了解纤维素、半纤维素和木质素的结构特点和性质,认识"三素"分离的重要意义。

(2)掌握纤维素、半纤维素和木质素的提取和分离方法。

(二)实验原理

农林生物质资源中含有大量纤维组分,目前生物质资源化综合利用的重要研究方向之一是将生物质资源通过分离技术得到纤维素、半纤维素以及木质素,三者统称为"三素"。它们在诸多工业领域有着多种用途,是重要的化工原料。

生物质原料经过热水抽提可得到半纤维素,然后可通过温和条件下的碱性有机溶剂将木质素抽提出来,富含纤维素的残渣组分进一步用酶水解,可用于制备发酵糖溶液,从而实现了农林生物质资源中半纤维素、纤维素和木质素的全组分利用。具体流程如图 28-1 所示。

(三)实验装置和仪器

1.实验仪器

(1)100 mL 不锈钢反应釜(图 28-2),内含聚四氟乙烯套筒。

(2)分析天平。

(3)100 mL 量筒。

(4)旋转蒸发仪(图 28-3)。

2.材料与试剂

生物质原料若干,洗净、烘干;氢氧化钠;盐酸;硫酸;甲醇;乙醇。

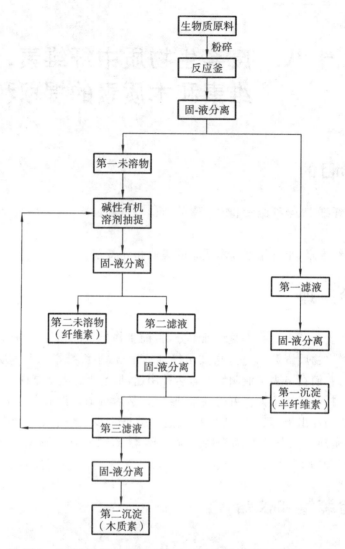

图 28-1　生物质中纤维素、半纤维素以及木质素的提取和分离流程

图 28-2　不锈钢反应釜

图 28-3　旋转蒸发仪

（四）实验内容和步骤

（1）将生物质粉碎至 40～60 目，取 3 g 生物质粉末与水以质量比 1∶10 的比例充分混合后，转移至反应釜内，并放置在烘箱中加热到 100 ℃，反应 0.5 h，过滤得到第一未溶物和第一滤液。

（2）将第一未溶物与含有 0.5％ NaOH 和 60％甲醇的有机溶剂以 1∶10 的固液比充分混合，在 78 ℃下反应 3 h，过滤得到第二未溶物和第二滤液，第二未溶物即为目标产物纤维素。

（3）将步骤（1）和（2）中所得的第一滤液和第二滤液混合后，用盐酸调节溶液的 pH 值为 5.5，过滤后将溶液在旋转蒸发仪上减压浓缩至含水率为 5％，接着在浓缩液中加入 2 倍体积的乙醇，过滤得到第一沉淀和第三滤液，第一沉淀用乙醇洗涤并冷冻干燥后得到目标产物半纤维素。

（4）将步骤（3）中的第三滤液通过旋转蒸发仪蒸馏回收甲醇，并用硫酸调节溶液的 pH 值为 2，过滤得到第二沉淀，用含有盐酸（pH 值为 2）的水洗涤第二沉淀，得到目标产物木质素。

（5）将目标产物进行干燥，分别计算纤维素、半纤维素和木质素的得率，计算公式如下：

$$Y = \frac{m}{M} \times 100\%$$

式中，Y——得率（％）；

m——纤维素、半纤维素或木质素的质量（g）；

M——生物质原料的质量（g）。

（五）注意事项

（1）对旋转蒸发仪玻璃零件应轻拿轻放，装前应清洗干净，擦干或者烘干，使用前应注意是否密封完整。

（2）加热槽通电前必须加水，严禁无水干烧。

（六）思考与讨论

影响纤维素、半纤维素以及木质素分离效率和得率的因素有哪些？

实验二十九　城市污泥脱水性能实验

(一)实验目的

(1)加深理解污泥比阻的概念。

(2)了解如何评价污泥脱水性能。

(3)了解如何选择污泥脱水的药剂种类、浓度、投药量。

(二)实验原理

污泥经重力浓缩或消化后,含水率约为 97％,体积大,不便于运输。因此一般多采用机械脱水,以减小污泥体积。常用的脱水方法有真空过滤、压滤、离心等方法。污泥机械脱水以过滤介质两面的压力差作为动力,达到泥水分离、污泥浓缩的目的。根据压力差来源的不同,分为真空过滤法(抽真空造成介质两面压力差)和压缩法(介质一面对污泥加压,造成两面压力差)。

影响污泥脱水的主要因素如下。

(1)污泥浓度,取决于污泥性质及过滤前浓缩程度。

(2)污泥性质、含水率。

(3)污泥预处理方法。

(4)压力差大小。

(5)过滤介质种类、性质。

(三)实验设备与试剂

1.实验设备

旋片式真空泵(图 29-1)。

2.原料

$FeCl_3$、$FeSO_4$、$Al_2(SO_4)_3$。

图 29-1　旋片式真空泵

(四)实验内容和步骤

(1)准备待测污泥(消化后的污泥)。

(2)依据相关的因素、水平表,利用 L9(3 的 4 次幂)正交表安排污泥比阻实验,测定某消化污泥比阻的因素、水平表。

(3)按正交表给出的实验内容进行污泥比阻测定,步骤如下:

①测定污泥含水率,求出污泥浓度;

②布氏漏斗内放置滤纸,用水喷湿,开动真空泵,使量筒中压力成为负压,滤纸紧贴漏斗,关闭真空泵;

③把 100 mL 调节好的泥样倒入漏斗内,再次开动真空泵,使污泥在一定的条件下过滤脱水;

④记录不同过滤时间 t 的滤液体积 V;

⑤记录当过滤到泥面出现龟裂或滤液达到 85 mL 时所需要的时间 t,此指标也可用来衡量污泥过滤性能的好坏;

⑥测定滤饼浓度。

(五)实验结果与计算

测定某消化污泥比阻的因素、水平表如表 29-1 所示。污泥比阻实验记录如表 29-2 所示。

表 29-1　测定某消化污泥比阻的因素、水平表

水平	因素			
	混凝剂种类	加药浓度质量百分比/(%)	加药体积/mL	反应时间/s
1	$FeCl_3$			
2	$FeSO_4$			
3	$Al_2(SO_4)_3$			

表 29-2　污泥比阻实验记录

时间 t/s	计量管内滤液 V_1/mL	滤液量 $V(V=V_1-V_0)/mL$	$t/V/(s/mL)$

(六)注意事项

(1)滤纸烘干称重,放到布氏漏斗内后,要用真空泵抽吸一下,滤纸一定要紧贴漏斗,不能漏气。

(2)污泥倒入布氏漏斗内时,会有部分滤液流入量筒,所以在正常开始实验前,应记录量筒内滤液体积 V_0 值。

(七)问题与讨论

(1)判断生污泥、消化污泥脱水性能好坏,分析其原因。

(2)在上述实验结果的条件下,重新编排一张正交表,以便通过实验得到更好的污泥脱水条件。

实验三十　污泥中挥发性脂肪酸测定实验

(一)实验目的

一般来说,碳原子数在 10 以下的脂肪酸大部分具有挥发性,并且易溶于水。但随着碳原子数的增加,脂肪酸挥发性会逐渐下降。典型的挥发性脂肪酸(VFA)的分子式及沸点如表 30-1 所示。

表 30-1　挥发性脂肪酸的分子式及沸点

名　　称	分　子　式	沸点/℃	名　　称	分　子　式	沸点/℃
甲酸	$HCOOH$	100.8	丁酸	C_3H_7COOH	162.3
乙酸	CH_3COOH	117.5	戊酸	C_4H_9COOH	185.5
丙酸	C_2H_5COOH	140.0	己酸	$C_5H_{11}COOH$	205.0

挥发性脂肪酸易被微生物利用,在有机物的厌氧分解中,挥发性脂肪酸是作为生物代谢的中间或最终产物而存在的。在厌氧发酵的液化产酸阶段,低级脂肪酸是这一阶段的主要产物。其中以乙酸为主,在某种条件下,乙酸可以达到该类酸总量的 80%。在 CH_4 形成过程中,甲酸和乙酸是形成甲烷的重要前体物。据研究,自然界有机物产生的 CH_4 中有 70% 以上由乙酸中的甲基原子团形成。丙酸、丁酸可以转化成甲酸。有机酸过多往往反映出发酵池的病态。因此可以认为,在微生物厌氧发酵过程中,挥发性脂肪酸不仅是一种不可缺少的营养成分,也是沼气发酵过程中研究有机物降解工艺条件优劣的重要参数。此外,近年来很多研究者将剩余污泥进行厌氧发酵生产 VFA,用于强化生物脱氮除磷的易降解碳源,以弥补当前部分污水处理厂进水中碳源不足的问题。因此,污泥中 VFA 指标的测定非常重要,开展本实验可以实现以下目的。

(1)了解污泥 VFA 指标的意义。

(2)掌握污泥中 VFA 的测定方法。

(二)实验原理

污泥中 VFA 的测量方法主要有以下两种:

(1)VFA 总量测定,其中以乙酸作为基数进行计算;

(2)对甲酸、乙酸等各种低级脂肪酸分别进行定量分析,并计算出 VFA 的总量。

对于各种低级脂肪酸的测定往往采用气相色谱法;而对于 VFA 总量的测定可以采用气相色谱法,也可以采用化学滴定等方法。本实验中采用化学滴定方法,其基本原理:污泥 VFA 在酸性条件下,经加热蒸馏随水蒸气逸出,馏出液用水溶液吸收并用 NaOH 溶液进行滴定;通过 NaOH 溶液的消耗量计算出 VFA 的总量。

(三)实验装置和仪器

1. 实验仪器

(1)500 mL 蒸馏装置。

(2)250 mL 锥形瓶。

(3)电炉。

(4)铁架台。

(5)碱式滴定管。

(6)循环水式多用真空泵(图 30-1)。

(7)离心机或砂芯抽滤装置(图 30-2)。

图 30-1　循环水式多用真空泵

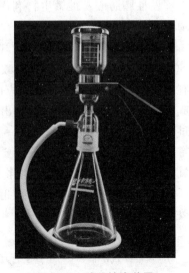

图 30-2　砂芯抽滤装置

（8）量筒。

（9）移液管。

2.实验试剂及材料

（1）10％磷酸或 15％硫酸。

（2）酚酞指示剂。

（3）0.1 mol/L NaOH 溶液。

（4）蒸馏水。

（5）市政污泥。

（四）实验内容和步骤

1.样品制备

取 150 mL 污泥经离心处理（3000～4000 r/min）约 10 min 后，取上清液，或者采用抽滤处理分离出滤液部分；移取 50 mL 污泥离心上清液或抽滤液于 500 mL 蒸馏烧瓶中，加 50 mL 蒸馏水和几粒玻璃珠，再加 2 mL 10％磷酸或 2 mL 15％硫酸。接好玻璃导管，将橡胶塞塞严。导管一头接烧瓶口，另一头接冷凝管，冷凝管下面的导管插入盛有 25 mL 蒸馏水作为吸收液的 250 mL 锥形瓶中。加热蒸馏至烧瓶溶液剩余 20 mL 左右，停止加热使其冷却。再加入 50 mL 蒸馏水继续蒸馏至烧瓶剩余 25 mL 左右。

2.样品中 VFA 的测定

蒸馏过程结束后取下锥形瓶，加酚酞指示剂，用 0.10 mol/L 的 NaOH 溶液滴定至锥形瓶中液体呈淡粉色且不变为止，记录 NaOH 溶液用量。

（五）数据处理及计算

数据记录表如表 30-2 所示。

表 30-2　数据记录表

VFA 提取	VFA 分析		
取水样体积 V_2/mL	滴定初始读数 V_0/mL	滴定终点读数 V_t/mL	NaOH 溶液消耗体积 V_1/mL

污泥中挥发性脂肪酸含量（以乙酸计量）（mg/L）计算公式如下：

$$C_{VFA} = (cV_1/V_2) \times 60 \times 1000$$

式中,c——NaOH 溶液浓度(mol/L);

　　V_1——滴定消耗 NaOH 溶液体积(mL);

　　V_2——水样体积(mL);

　　60——乙酸的分子量。

(六)注意事项

(1)在蒸馏前要打开冷凝水,保持下端进水、上端出水;冷凝管有水流即可,注意节约用水。

(2)本实验的蒸馏过程在高温下进行,操作中应注意安全,以免发生烫伤等安全事故。

(3)冷却时请将装吸收液的锥形瓶移开,以免出现馏出液倒吸问题。

(七)思考与讨论

(1)查阅相关资料了解气相色谱仪测定 VFA 中各种低分子脂肪酸的方法。

(2)该 VFA 总量测定方法中,馏出液中 CO_2、H_2S、SO_2 等会干扰测定,如何消除这些物质的干扰?

实验三十一 河湖底泥板框压滤脱水性能实验

(一)实验目的

(1)理解底泥脱水对于底泥后端资源化的重要性。

(2)掌握底泥脱水性能的影响因素。

(3)了解如何评价底泥脱水性能。

(二)实验原理

疏浚底泥含水率约为 97%,体积大,不便于运输。因此一般在疏浚现场采用板框压滤对底泥进行机械脱水。板框压滤机主要由滤板、滤框、滤布、抽泥泵加压设备和集水槽等部件组成,其工作原理是采用抽泥泵将底泥填充到滤板之间,底泥中的间隙水、表面吸附水和毛细结合水在压力的作用下被滤布滤出,实现底泥脱水。

影响底泥脱水的主要因素如下。

(1)压滤压力和时间。

(2)滤布种类。

(3)调理剂种类和投加量。

(三)实验设备与试剂

1.实验设备

板框压滤装置示意图如图 31-1 所示,小型板框压滤机如图 31-2 所示,快速水分测定仪如图 31-3 所示。

2.原料

聚合氯化铝(PAC),阳离子型聚丙烯酰胺(CPAM),去离子水。

(四)实验内容和步骤

(1)底泥的预处理。

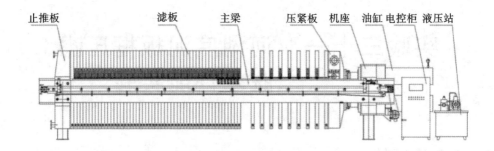

图 31-1　板框压滤装置示意图

止推板　滤板　主梁　压紧板　机座　油缸　电控柜　液压站

图 31-2　小型板框压滤机　　　　　图 31-3　快速水分测定仪

　　用 10 目的筛子筛去湿底泥中的垃圾、动植物残体及大砂砾等杂物,以去除杂物对底泥脱水性能的影响。

　　(2)底泥初始含水率的测定。

　　采用快速水分测定仪测定原始底泥的含水率。

　　(3)混凝剂的配置。

　　将 PAC 配成质量浓度为 2‰的溶液,CPAM 配成质量浓度为 0.5‰的溶液。

　　(4)底泥的调理。

　　称取 10 L 底泥,投加 1‰混凝剂(PAC),快速搅拌 1 min,再投加 0.5‰絮凝剂(CPAM),快速搅拌 2 min。

　　(5)测量不同压滤压力对底泥脱水性能的影响。

　　将调理好的底泥放入板框压滤机中进行板框压滤实验,分别取压滤压力为 0.2 MPa、0.4 MPa、0.6 MPa、0.8 MPa 和 1 MPa,并进行 10 min 压滤,采用快速水分测量仪测定所获泥样含水率并记录。

　　(6)测量不同压滤时间对底泥脱水性能的影响。

　　将调理好的底泥放入板框压滤机中进行板框压滤实验,压滤压力设置为 1 MPa,分别取压滤 2 min、5 min、10 min、20 min、30 min、40 min、50 min 和 60 min 后底泥样品,采用快速水分测量仪测定所获泥样含水率并记录。

(五)实验结果计算

压滤压力对底泥脱水性能的影响如表 31-1 所示,压滤时间对底泥脱水性能的影响如表 31-2 所示。

表 31-1　压滤压力对底泥脱水性能的影响

压力/MPa	0.2	0.4	0.6	0.8	1
含水率/(%)					

表 31-2　压滤时间对底泥脱水性能的影响

时间/min	2	5	10	20	30	40	50	60
含水率/(%)								

(六)注意事项

为保证板框压滤机的稳定运行,需要保证底泥的含水率大于 95%。若含水率低于 95%,需要进行人工调配,在底泥中加入相应的去离子水,使得底泥的初始含水率大于 95%。

(七)问题与讨论

(1)试说明混凝剂和絮凝剂的种类有哪些,并说明两者的区别。

(2)混凝剂和絮凝剂投加的作用是什么? 并说明为什么两者均需投加。

实验三十二　污泥中有机物含量测定实验(质量法)

(一)实验目的

(1)掌握污泥(市政污泥、印染污泥、疏浚底泥等)有机物含量的计算。

(2)了解有机物含量对污泥污染特性评价的意义。

(3)了解有机物含量对污泥后端处理处置及资源化的指导意义。

(二)实验原理

有机物含量是污泥中有机物总量的综合指标,它是污水中各种有机污染颗粒的总和。将混合均匀的污泥样品,放在干燥至恒重的瓷坩埚内,先将水分大的样品放置于水浴锅上蒸干,然后放进烘箱内烘至恒重,干燥样品直接放入恒温烘箱至恒重,再将其放进马弗炉内灼烧,以差减法计算有机物含量。此外,利用有机物含量可以间接评价污水中有机物污染的程度,对污泥的后端处理处置及资源化具有重要意义。

(三)实验设备与试剂

1.实验设备

(1)瓷坩埚(图 32-1)。

(2)电热板。

(3)烘箱。

(4)高温马弗炉(图 32-2)。

(5)天平:感量 0.001 g。

2.原料

污泥。

图 32-1　瓷坩埚

图 32-2　高温马弗炉

(四)实验内容和步骤

1.污泥预处理

剔除污泥中的各类大型纤维杂质和大小碎石块等无机杂质,贮存在 4 ℃冰箱冷藏。

2.污泥的称量

用恒重为 m_1 的瓷坩埚在天平上称取约 10 g 的污泥样品。

3.污泥烘干

将盛有样品的瓷坩埚在水浴锅中蒸干,待其水分蒸干,将其转移至烘箱内,在 103～105 ℃温度下烘干 2 h,取出放入干燥器内,冷却约 0.5 h 后称重,反复几次,直至恒重(m_2)。

4.污泥的灼烧

将盛有烘干样品的瓷坩埚放入马弗炉中,在(550±50) ℃温度下灼烧约 1 h,关掉电源,等待炉内温度降低至 200 ℃左右取出瓷坩埚,放入干燥器,冷却后称重(m_3)。

(五)实验结果计算

污泥中有机物含量 w(%)按下式计算:

$$w = \frac{m_2 - m_3}{m_2 - m_1} \times 100\%$$

式中，m_2——恒重瓷坩埚加烘干后样品的质量(g)；

　　　m_3——恒重瓷坩埚加灼烧后样品的质量(g)；

　　　m_1——恒重瓷坩埚的质量(g)。

(六)注意事项

(1)烘干恒重标准为每次烘干后称重相差不大于 0.001 g。

(2)在马弗炉中灼烧约 1 h 应视样品灼烧的完全程度适当延长或缩短时间。

(3)实验室内样品间的相对标准偏差为 0.2%~1.7%。

(七)问题与讨论

(1)试论述污泥中有机物的构成及哪些有机组分对环境具有危害。

(2)试论述污泥中有机物和污泥的后端处置有何关联。

实验三十三　污泥固液两相磷的测定——钼酸铵分光光度法

(一)实验目的

(1)掌握磷的测定方法与原理。

(2)了解污泥中磷的分类(总磷 TP、溶解性总磷 TDP、正磷酸盐 PO_4^{3-})和三者之间的关系。

(二)实验原理

在中性条件下用过硫酸钾(或硝酸-高氯酸)使试样消解,将所含磷全部氧化为正磷酸盐(样品消解目的主要是测总磷)。在酸性介质中,正磷酸盐与钼酸铵反应,在锑盐存在下生成磷钼杂多酸后,立即被抗坏血酸还原,生成蓝色的络合物。

(三)实验设备与试剂

1. 实验设备

(1)快速消解仪(图 33-1)。

(2)50 mL 具塞刻度管。

(3)分光光度计。

注:所有玻璃器皿均要用稀盐酸或稀硝酸浸泡;比色皿要干净,不用时浸泡于乙醇中。

2. 实验药剂

(1)硫酸,密度为 1.84 g/mL。

(2)硫酸(1+1)。

(3)过硫酸钾溶液(50 g/L)。将 5 g 过硫酸钾($K_2S_2O_8$)溶于水,并稀释至 100 mL。

(4)抗坏血酸溶液(100 g/L)。将 10 g 抗坏血酸溶于水中,并稀释至 100 mL。此溶液贮于棕色的试剂瓶中,在冷处可稳定几周,如不变色可长时间使用。

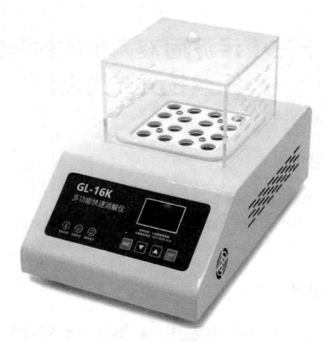

图 33-1　快速消解仪

(5)钼酸盐溶液:将 13 g 钼酸铵[(NH₄)₆Mo₇O₂₄·4H₂O]溶于 100 mL 水中,再将 0.35 g 酒石酸锑钾[C₄H₄KO₇Sb·0.5 H₂O]溶于 100 mL 水中,在不断搅拌下分别把上述钼酸铵溶液徐徐加到 300 mL 硫酸中,加酒石酸锑钾溶液并混合均匀。此溶液贮存于棕色瓶中,在冷处可保存三个月。

(6)磷标准储备液的制备。

①称取 0.2197 g 于 110 ℃ 干燥 2 h 且在干燥器中放冷的磷酸二氢钾(KH₂PO₄),用水溶解后转移到 1000 mL 容量瓶中,加入大约 800 mL 水,加 5 mL 硫酸,然后用水稀释至标线,混匀。1.00 mL 此标准溶液含 50.0μg 磷。此溶液在玻璃瓶中可贮存至少六个月。

②将 10.00 mL 磷标准贮备溶液转移至 250 mL 容量瓶中,用水稀释至标线并混匀。1.00 mL 此标准溶液含 2.0μg 磷。使用当天配制。

③磷标准储备液也可直接从试剂公司购买。

(四)实验内容和步骤

1.样品采集

将污泥离心,使其固液分离,采用钼酸铵分光光度法分析液相中的总磷 TP、溶解性总磷 TDP、正磷酸盐 PO₄³⁻;固相则在鼓风干燥箱内烘干,并碾磨过筛,称取 0.2

g 左右的固体样品置于坩埚中,将其放入马弗炉中在 600 ℃温度条件下灼烧 2 h,所得残渣用 1 mol/L HCl(20 mL)以 150 r/min 恒温振荡浸出 16 h,提取出的总磷以钼蓝显色方法用紫外可见分光光度计测量。

2. 空白试样

按相关规定进行空白试验,用蒸馏水代替试样,并加入与测定时相同体积的试剂。

3. 测定

(1)消解。

过硫酸钾消解:向试样中加 4 mL 过硫酸钾,将比色管的盖塞紧后,用一小块布和线将玻璃塞扎紧(或用其他方法固定),放入大烧杯,置于高压蒸汽消毒器中加热,待压力达 1.1 kg/cm²(用消解仪替代)、温度为 120 ℃时,保持 30 min 后停止加热。待压力表读数降至零后,取出冷却。然后用水稀释至标线。

(2)发色。

分别向各份消解液中加入 1 mL 抗坏血酸溶液混匀,30 s 后加 2 mL 钼酸盐溶液充分混匀。

(3)分光光度测量。

室温下放置 15 min 后,使用光程为 30 mm 的比色皿,在 700 nm 波长下,以水作参比,测定吸光度。扣除空白试验的吸光度后,从工作曲线上查得磷的含量。

注:如显色时室温低于 13 ℃,可在 20～30 ℃水浴条件下显色 15 min 即可。

(4)工作曲线的绘制。

取 7 支具塞比色管分别加入 0.0 mL、0.50 mL、1.00 mL、3.00 mL、5.00 mL、10.0 mL、15.0 mL 磷酸盐标准使用溶液。加水至 25 mL。然后按测定步骤(3)进行处理。以水作参比,测定吸光度。用扣除空白试验的吸光度对应的磷的含量绘制工作曲线。

(五)注意事项

(1)发色反应后,须立即进行分光光度计的测定。

(2)在进行溶液混合时,须保证混合均匀。

(六)问题与讨论

试简述从污泥中回收磷的必要性。

实验三十四　生活垃圾生物降解度测定

(一)实验目的

生活垃圾是一种由多种物质组成的异质混合体,其处理方法有焚烧、卫生填埋和堆肥等。通过本实验学习生活垃圾生物降解度的测定方法,可初步了解生活垃圾处理处置的相关知识,掌握容量法测定化学需氧量的原理和技术。

(二)实验原理

生活垃圾中含有大量天然的和人工合成的有机物质,有的容易生物降解,有的难以生物降解。目前,对生物降解度的测定采用的是一种可以在室温下对垃圾生物降解度做出适当估计的 COD 试验方法。

COD 的检测原理是生活垃圾中的有机物在硫酸作用下被重铬酸钾氧化产生二氧化碳和水。在该方法中,过量的重铬酸盐会与还原剂硫酸亚铁铵反应。当硫酸亚铁铵(FAS)缓慢加入时,过量的重铬酸盐转化为三价形式。一旦所有过量的重铬酸盐起反应,就达到等当点,这一点意味着添加的硫酸亚铁铵的量等于过量重铬酸盐的量,试亚铁灵指示剂通过颜色的变化指示该终点。之后根据最初添加的量和剩余量,可以计算出重铬酸盐氧化有机物质的量。所用重铬酸钾的量通过空白样和试样滴定中消耗的硫酸亚铁铵的体积差异来计算。

(三)实验装置和仪器

1. 实验主要试剂

生活垃圾试样、重铬酸钾(AR)、硫酸亚铁铵(AR)、硫酸(AR)、磷酸(AR)、氟化钠(AR)、试亚铁灵(AR)。

2. 实验主要仪器

电子天平、空气恒温振荡器(图 34-1)、锥形瓶、量筒、移液管、滴定管、标准试验筛(图 34-2)。

图 34-1　空气恒温振荡器

图 34-2　标准试验筛

(四)实验内容和步骤

(1)将生活垃圾烘干磨碎,过 100 目筛,称取 0.5 g 试样于锥形瓶中。

(2)准确量取 20 mL 重铬酸钾溶液加入锥形瓶中并充分混合。

(3)量取 20 mL 硫酸加入锥形瓶中。

(4)室温下不断摇动 12 h。

(5)加入 15 mL 蒸馏水。

(6)依次加入 10 mL 磷酸、0.2 g 氟化钠和 30 滴试亚铁灵指示剂,每加入一种试剂后必须混合。

(7)用标准硫酸亚铁铵溶液滴定。锥形瓶中液体颜色的变化为棕绿→绿蓝→蓝→绿,在等当点时是纯绿色。

(8)用同样的方法在不放试样的情况下做空白实验。

(五)注意事项

(1)注意生活垃圾取样的代表性。

(2)实验过程中,生活垃圾须与重铬酸钾、硫酸等溶液充分混合。

(3)反应所用试剂具有强腐蚀性,且含有重金属铬,实验过程要做好个人防护,反应后的废液须进行中和、脱除重金属等操作,不能随意排放。

(六)实验结果计算

生物降解度测定结果按下列公式计算:

$$BDM = (V_2 - V_1) \times V \times C \times 1.28 / V_2$$

式中,BDM——生物降解度;

　　V_1——试样滴定体积(mL);

V_2——空白试验滴定体积(mL);

V——重铬酸钾的体积(mL);

C——重铬酸钾的浓度。

(七)问题与讨论

(1)预处理中,将生活垃圾破碎的目的是什么?

(2)常用的 COD 测定方法还有哪些,原理是什么?

实验三十五　市政污水污泥干化实验

（一）实验目的

(1)掌握污泥干化性能的影响因素。

(2)掌握水分蒸发速率与含水率下降速率的计算方法。

（二）实验原理

　　污泥干化也可称为污泥干燥,是一种污泥的深度脱水方式。污泥干化的目的是使污泥中的水分蒸发从而去除水分。干化过程通常需借助热源(或太阳能)实现。按照干化热源划分,污泥干化可分为热干化、微波干化、水热干化等。污泥的热干化技术是目前国内外使用最成熟、应用最广的技术。根据热介质与污泥的接触方式不同,污泥热干化技术可分为直接干化、间接干化、直接-间接联合干化三种。

　　影响底泥干化特性的主要因素如下。

(1)初始含水率。

(2)污泥有机质含量。

(3)干化温度。

（三）实验设备与试剂

1. 实验设备

(1)电子天平,感量 0.001 g。

(2)电热鼓风干燥箱(图 35-1)。

(3)马弗炉。

(4)快速水分测定仪(图 35-2)。

2. 原料

市政污泥,葡萄糖,去离子水。

图 35-1　电热鼓风干燥箱

（四）实验内容和步骤

1. 污泥基础性能的测定

采用快速水分测定仪测定原污泥的含水率，并参照实验三十二（污泥中有机物含量测定实验）测定污泥中的有机质。

图35-2　快速水分测定仪

2. 不同含水率污泥的制备

根据步骤 1 中污泥的含水率，通过添加去离子水或自然风干的方式，获得含水率分别为 95％、90％、85％、80％、70％的污泥，并称取 100 g（设置 3 组平行），均匀地摊铺在金属质圆盘上，厚度均为（4±0.5）mm。将实验样品放置在电热鼓风干燥箱内，温度恒定为 105 ℃，4 h 后取出，用天平称量样品总质量，并用快速水分测定仪测定此时污泥样品的含水率，计算水分蒸发速率和含水率下降速率。

3. 不同有机质污泥样品的制备

称取 5 份质量为 99 g，含水率为 80％的污泥样品，分别添加 0 g、0.05 g、0.1 g、0.2 g、0.5 g 葡萄糖，用蒸馏水补充质量至 100 g，均匀地摊铺在金属质圆盘上，厚度均为（4±0.5）mm。通过向样品中添加有机质，模拟进行不同有机质含量的污泥干化实验。将实验样品放置在电热鼓风干燥箱内，温度恒定为 105 ℃，4 h 后取出，用天平称量样品总质量，并用快速水分测定仪测定含水率，计算水分蒸发速率和含水率下降速率。

4. 干化温度对于污泥含水率影响的测定

称取 5 份样品，样品质量均为 100 g（含水率 90％），均匀地摊铺在金属质圆盘上，厚度均为（4±0.5）mm。将实验样品放置在电热鼓风干燥箱内，温度分别设置为 100 ℃、120 ℃、140 ℃、160 ℃、180 ℃，4 h 后取出，用天平称量样品质量，并用快速水分测定仪测定含水率，计算水分蒸发速率和含水率下降速率。

（五）实验结果计算

水分蒸发速率：

$$V = \frac{m}{t}$$

式中, V——水分蒸发速率(g/min);

　　　　m——蒸发水分的质量(g);

　　　　t——时间(min)。

　　含水率下降速率:

$$v = \frac{w_0 - w_1}{t}$$

式中, v——含水率下降速率(%/min);

　　　　w_0——初始含水率(%);

　　　　w_1——干化后含水率(%);

　　　　t——时间(min)。

污泥含水率对污泥干化速率的影响如表35-1所示。

表 35-1　污泥含水率对污泥干化速率的影响

序号	原始含水率 /(%)	蒸发水量/g	干化后含水率 /(%)	水分蒸发速率 /(g/min)	含水率下降速率 /(%/min)
1	95				
2	90				
3	85				
4	80				
5	70				

污泥有机质对污泥干化速率的影响如表35-2所示。

表 35-2　污泥有机质对污泥干化速率的影响

序号	葡萄糖添加量 /g	蒸发水量/g	干化后含水率 /(%)	水分蒸发速率 /(g/min)	含水率下降速率 /(%/min)
1	0				
2	0.05				
3	0.1				
4	0.2				
5	0.5				

干化温度对污泥干化速率的影响如表35-3所示。

表 35-3　干化温度对污泥干化速率的影响

序号	干化温度 /(℃)	蒸发水量/g	干化后含水率 /(%)	水分蒸发速率 /(g/min)	含水率下降速率 /(%/min)
1	100				

续表

序号	干化温度 /(℃)	蒸发水量/g	干化后含水率 /(%)	水分蒸发速率 /(g/min)	含水率下降速率 /(%/min)
2	120				
3	140				
4	160				
5	180				

(六)注意事项

为尽可能排除挥发性有机物(volatile organic compounds,VOCs)对于含水率的扰动,不同干化温度下的污泥需通过 GC-MS 方法对 VOCs 进行定量测定,并依据结果调控干化温度的上限。

(七)问题与讨论

(1)试论述污泥干化与污泥脱水之间的联系与区别。

(2)目前我国推荐的污泥处置工艺之一为"干化-焚烧"路径,简述在污泥焚烧之前要对污泥进行干化处理的原因。

实验三十六 含重金属污泥固化/稳定化处理实验

(一)实验目的

(1)掌握固体废物固化处理的工艺操作过程。

(2)了解我国危险废物鉴别标准中规定的危险特性和鉴别方法。

(3)掌握固化块浸出率测定方法。

(二)实验原理

汞、砷、铅、铬、铜等有害物质及化合物遇水通过浸沥作用,会从危险废物中迁移到水溶液中。延长接触时间、采用水平振荡器等强化可溶解物质的浸出,可测定强化条件下浸出的有害物质浓度,以表征危险废物的浸出毒性。

(三)实验设备和试剂

1.实验设备

固化块浸出毒性实验采用自制模具。选用 PPR 热水管(外径 50.2 mm,内径 40.3 mm),分段切割成高为(80±2) mm 的小段若干,即制成 40 mm(φ)×80 mm (h)模具。沿横截面直径经圆柱中心线切合成两半,用直径为 1.5 mm 的铁丝上下分两圈箍紧,并编号 1-80 待用。砂浆试模如图 36-1 所示。

含水率试验:电子天平一台,电热鼓风干燥箱一台。

污泥的粒度分析实验:激光粒度分析仪一台,如图 36-2 所示。

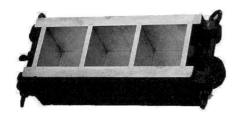

图 36-1 砂浆试模

图 36-2 激光粒度分析仪

污泥重金属背景值分析及总量的测定实验：恒温振荡器，可控温电热板，火焰原子吸收分光光度计一套。

固化/稳定化实验：PPR 热水管，混凝土搅拌机一台，100 mm×100 mm×100 mm 工程塑料试模（图 36-3），固化试验工作台。

固化块脱模和养护：压力试验机一台（图 36-4）。

固化块毒性浸出测试实验：恒温振荡器一台，火焰原子吸收分光光度计一套。

图 36-3　工程塑料试模（100 mm×100 mm×100 mm）

图 36-4　数显压力试验机

2. 原料

（1）含重金属的污泥。

（2）普通硅酸盐水泥，石灰。

（3）粉煤灰：电厂一等级。

3. 分析仪器与试剂

（1）2000 mL 广口聚乙烯瓶 4 个。

（2）烘箱 1 台。

（3）电子天平（精度：0.01 g）1 台。

（4）水平振荡器 1 台。

（5）原子吸收分光光度计 1 台。

（6）漏斗、漏斗架若干。

（7）量筒 1000 mL 1 支。

（8）0.45 μm 微孔滤膜若干。

（9）氢氧化钠和盐酸溶液。

(四)实验步骤

1. 固化操作

制定固化材料配比,将每个搅拌埚所需物料称量,投加到混凝土搅拌机中,初次加入设计用水量的50%~60%后,打开搅拌机工作电源,边搅拌边缓缓投加剩余水量,调整搅拌刀片顺次、逆次交替搅拌若干次,直至搅拌机中物料均匀混合成具有可塑性并稍有黏性的半固体(约10 min)后停止。将物料转移至工作台上,将100 mm×100 mm×100 mm塑料试模中均匀涂满润滑油、垫好贴纸并编号。先将模具填满50%~60%,并用铁锹适度戳搅25次左右,再将填料分两次填满剩余空间,并在每次添加后分别戳搅和磨平。以同样方法将填料填满40 mm(φ)×80 mm(h)自制模具,制成毒性浸出测试固化块,与100 mm×100 mm×100 mm抗压强度测试固化块一同放置定型,等待脱模。固化操作的流程图如图36-5所示。

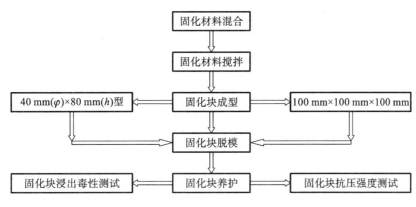

图36-5　固化操作流程图

固化块的固化效果受固化龄期的影响,采取脱模后养护3天、10天、14天、28天作为龄期的考察点,对40 mm(φ)×80 mm(h)固化块做浸出性测试。

2. 浸出率

(1)取粉碎的固化体100 g(干基)试样(无法采用干基质量的样本则先测水分再加以换算),放入2 L具塞广口聚乙烯瓶中。

(2)将蒸馏水用氢氧化钠或盐酸调pH值至5.8~6.3,取1 L加入前述聚乙烯瓶中。

(3)盖紧瓶盖后固定于水平振荡机上,室温下振荡8 h((110±10) r/min,单向振幅20 mm)。

(4)取下广口瓶,静置16 h。

(5)用 $0.45~\mu m$ 微孔滤膜抽滤（0.035 MPa 真空度），收集全部滤液（即浸出液），供分析用。

(6)用原子吸收火焰分光光度计测定浸出液的 Cd、Cr、Cu、Ni、Pb 和 Zn 浓度。

(7)取一个 2 L 广口聚乙烯瓶，按照步骤(2)～(6)同时操作，做空白实验。

(8)记录结果并分析整理。

(五)注意事项

(1)注意在做水泥固化的同时测定水泥浆标准稠度及凝结时间。

(2)固化块制作过程中，水的加入速度要慢些。

(3)模具使用前后必须清理干净，并涂一层机油。

(六)实验结果与讨论

(1)评述本实验方法和实验结果。

(2)以双因素实验设计法拟定一个测定不同浸取时间对实验结果的影响的实验方案。

(3)分析哪些因素会影响危险废物浸出浓度。

实验数据记录表如表 36-1 所示。

表 36-1　实验数据记录表

项目	Cd	Cr	Cu	Ni	Pb	Zn
空白浓度/(mg/L)						
样本浓度/(mg/L)						

(七)思考题

(1)固化处理的优缺点有哪些?

(2)固化体根据不同特性应该如何处置或利用?

实验三十七　畜禽有机废弃物好氧堆肥综合实验

(一)实验目的

(1)通过参与好氧堆肥实验装置的建立和关键参数检测,了解作为有机废物无害化、资源化处理处置方法之一的堆肥技术的典型过程及特征。

(2)掌握菌落计数仪的使用方法。

(3)通过已掌握的微生物群落检测、计数方法,了解堆肥过程不同阶段的微生物学变化特征。

(4)掌握作为堆肥腐熟度检测方法之一的种子发芽率和发芽指数法。

(二)实验原理

堆肥化(composting)是指依靠自然界广泛分布的细菌、放线菌、真菌等微生物,或通过人工接种特定功能的菌,在一定工况条件下,有控制地促进可被生物降解的有机物向稳定的腐殖质转化的生物化学过程,其实质是一种生物代谢过程。废物经过堆肥化处理,制得的成品称为堆肥(compost)。

好氧堆肥中底物的降解是细菌、放线菌和真菌等多种微生物共同作用的结果,在一个完整的好氧堆肥的各个阶段,微生物的群落结构演替非常迅速,即在堆肥这个动态过程中,占优势的微生物区系随着不同堆肥阶段的温度、含水率、好氧速率、pH 值等理化性质的改变进行着相应的演替。

堆肥关键参数的检测方法主要包括以下三部分内容。

(1)堆肥过程特征参数检测分析:包括堆温、pH 值、气体成分和含量变化监测。

(2)堆肥过程微生物群落变化分析:采用平板计数法检测微生物种群的数量来研究高温阶段和堆肥腐熟阶段微生物种群结构和数量的变化,包括细菌、放线菌、真菌以及纤维素分解菌。

(3)堆肥腐熟度检测:堆肥腐熟度是指堆肥产品的稳定程度。判断堆肥腐熟度的指标有物理学指标、化学指标(包括腐殖质)和生物学指标。其中,简单判断堆肥腐熟的指标包括如下。

①色度和气味。

在堆肥过程中,物料的色度和气味的变化反映出微生物的活跃程度。对于正常的堆肥过程，随着进程的不断推进，堆肥物料的颜色逐渐发黑，腐熟后的堆肥产品呈黑褐色或黑色，气味由最初的氨味转变成土腥味。Sugahara 等提出一种简单的技术用于检测堆肥产品的色度，并回归出一关系式：

$$Y = 0.388 \times (C/N) + 8.13 (R^2 = 0.749)$$

式中，Y 是响应值（颜色分析值）；他们认为 Y 值为 11～13 的堆肥产品是腐熟的。

使用该法时要注意取样的代表性。不过，堆肥的色度显然还受其原料成分的影响，很难建立统一的色度标准以判断堆肥的腐熟程度。

②发酵温度。

前期发酵的终点温度（40～50 ℃）与有机质分解速率一样是微生物活动的尺度。温度的变化与堆肥过程中的微生物代谢活性有关，研究表明二者之间的关系可用如下关系式表示：

$$K_T = K_{20}\, \theta^{(T-20)}$$

式中，K_T、K_{20} 分别为温度为 T、20 ℃时的呼吸速率；θ 为常数。

当微生物活动减弱时，热量的上升率也相应下降，导致堆肥的温度下降。但不同堆肥系统的温度变化差别显著。由于堆体为非均相体系，其各个区域的温度分布不均衡，限制了温度作为腐熟度定量指标的应用。国际上一些学者提出，某一堆肥系统在经过一次高温后，如果在最佳的工况条件下也不能再次升温，则可判断该系统基本达到腐熟。

③种子发芽指数（GI）。

未腐熟的堆肥含有植物毒性物质，对植物的生长有抑制作用，因此，考虑到堆肥腐熟度的实用意义，植物生长实验应是评价堆肥腐熟度的最终和最具说服力的方法。一般来讲，当堆肥水浸提液种子发芽指数（GI）达到或超过 50％时，可以认为堆肥已基本腐熟，对于种子的发芽基本无毒性。本实验用黑麦草种子发芽指数对秸秆和厨余废物好氧堆肥产物的植物毒性进行评判和比较。

（三）实验设备与材料

1. 实验设备

(1)恒温生化培养箱（图 37-1）。

(2)干燥箱。

(3)恒温摇床。

(4)pH 计。

(5)高压灭菌锅（图 37-2）。

(6)全自动菌落计数仪（图 37-3）。

(7)电子天平。

图 37-1　恒温生化培养箱

图 37-2　高压灭菌锅

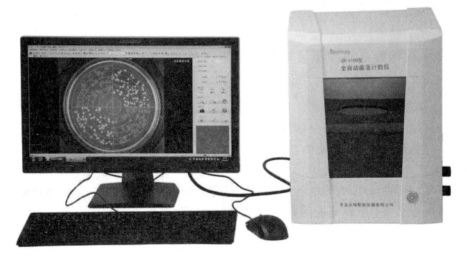

图 37-3　全自动菌落计数仪

（8）培养皿，试管，玻璃三角瓶，移液管，玻璃刮刀，白磁板等若干，（温度、氧气）在线监测式好氧堆肥反应器。

2.实验材料

(1)营养琼脂(用于总细菌的计数)。

(2)UBA 琼脂(用于放线菌的计数)。

(3)孟加拉红琼脂(用于真菌的计数)。

(4)滤纸条纤维素培养基(用于纤维素分解菌的计数)。

(四)实验内容

1.堆肥过程特征参数的监测与分析

(1)100 L 堆肥反应器的准备(在实验室进行),样本 1 为处于高温阶段的堆肥,样本 2 为处于稳定期(腐熟度)的堆肥。堆料为 6∶4∶1(质量比)的花卉秸秆、蔬菜废物和土壤。

(2)堆温检测:用温度探头检测堆体中部的温度,并从数字控制显示器读取数据,监测时间为每隔 6 h 一次(每天 15:00、21:00、3:00、9:00),共 16 次(4 天)。

(3)堆料 pH 变化:从堆体中取出 10 g 试样,用蒸馏水配成固液比为 5% 的悬浮液,摇床振荡约 10 min 后,用 pH 计检测。

(4)堆体出气口 O_2 和 CO_2 变化:将气体监测仪的探头深入距反应器的出气口 15 cm 处,从仪器的显示器读取稳定后的数据,监测时间为每隔 6 h 一次(每天 15:00、21:00、3:00、9:00),共 16 次(4 天)。

2.平板稀释法检测不同堆肥微生物区系

(1)无菌操作称取 25 g 堆肥样品,放入装有 225 mL 灭菌生理盐水的灭菌锥形瓶内,于 200 r/min 恒温摇床中振荡 15~20 min,制成 1∶10 样品匀液(悬浊液)。

(2)将样品进一步做倍比稀释,即用灭菌吸管吸取 5 mL 样品,放入装有 45 mL 灭菌生理盐水的灭菌锥形瓶内,经充分振摇制成 1∶10 样品匀液。同时进行逐级稀释,直至获得适宜的稀释度。

(3)取不同稀释度的稀释液 0.1 mL 均匀滴于不同的选择性培养基上,用玻璃刮刀使其均匀涂布于培养基表面,分别计数细菌(牛肉膏蛋白胨琼脂培养基)、放线菌(高氏一号培养基)和真菌(察氏培养基)的数目。

(4)将涂布接种后的平板倒置在适温培养箱中培养 3~5 天,选取菌落分布均匀且平均菌落数在 30~300 之间的进行计数。

(5)另称取 25 g 样品,置于 105 ℃下烘干至恒重,算出样品的含水率,用干重表示底物中的含菌量:

$$每克干物质的含菌数=每克新鲜物质中的菌数×含水率$$

3. 试管 MPN 法检测纤维素分解菌的种群密度

(1)将样品按上述方法进行逐级稀释后,取不同稀释度的稀释液 1 mL,无菌操作接种于装有已灭菌的 9 mL 依姆涅茨基纤维素分解菌培养基中。每个稀释度的稀释液接种 3 管。

(2)30 ℃恒温培养 14 天,检查各试管中滤纸条上出现的微生物、滤纸条断裂情况、滤纸上产生的色素和黏液,记录观察结果。有明显的微生物生长和滤纸条断裂情况的试管记为"＋"结果。

(3)MPN 的计算。

MPN 法又称最可能数法或最近似值法,是用统计学方法来计算样品中某种待测菌含量的一种方法。此方法适用于利用平板稀释法不能进行活菌计数,却很容易在液体培养基中生长并被检测出来的微生物。其计算原理遵循常规查表法中的 Ziegler 方程。本实验采用 MPN 法检测堆肥不同阶段纤维素分解菌的种群密度。

4. 堆肥腐熟度检测

种子发芽率实验的具体操作步骤如下。

(1)堆肥水浸提液按鲜样∶蒸馏水为 1∶10 的体积比例振荡 30 min,离心(5000 r/min)过滤后,将上清液贮藏于塑料瓶中备用。

(2)在培养皿中放入与培养皿相同直径的滤纸一张,灭菌后均匀洒入 15 颗浸泡后的黑麦草种子,注入 10 mL 的沤肥产物稀释物,取注入无菌去离子水的实验作为对照,在 28 ℃下培养 1 周,统计根长和发芽率,发芽指数 GI 用下式计算:

$$GI(\%)=\frac{处理的种子发芽率×种子根长}{对照的种子发芽率×种子根长}×100\%$$

(五)注意事项

(1)堆肥时间:堆肥时间随碳氮比、湿度、天气条件、堆肥运行管理类型及废物和添加剂的不同而不同。

(2)温度:要注意对堆肥温度的监测,堆肥温度要超过 55 ℃,这样才能既有利于微生物发酵又能杀灭病原体。

(3)湿度:注意阶段性监测堆肥混合物的湿度要适当,过高和过低都会使堆肥速度降低甚至停止。

(4)气味:气味是堆肥运行阶段的良好指标,腐烂气味意味着堆肥可能由好氧转为厌氧。

(六)实验结果分析

(1)堆肥过程特征参数的监测与分析。

①好氧堆肥过程中温度监测及变化特征分析。

②好氧堆肥过程中 pH 值监测及变化特征分析。

③好氧堆肥过程中出气口 O_2 和 CO_2 监测变化特征分析。

④上述特征参数变化与堆体微生物反应的关系分析。

(2)堆肥过程微生物区系变化特征分析。

(七)思考题

(1)好氧堆肥的原理是什么?

(2)控制好氧堆肥实验效果好坏的关键因素有哪些?

实验三十八　城市污泥厌氧发酵产氢综合实验

(一)实验目的

(1)通过实验加深对厌氧消化原理的理解。

(2)了解污泥厌氧产氢过程的影响因素。

(3)掌握污泥厌氧产氢的实验方法和数据处理方法。

(二)实验原理

污水生物处理过程中产生的大量剩余污泥,通常采用厌氧发酵处理,使污泥中的有机物被最终转化为甲烷、二氧化碳、水、硫化氢和氨等,在此过程中,不同微生物的代谢过程互相影响、相互制约,形成了复杂的生态系统。污泥的厌氧过程可被分为以下三个阶段。

(1)水解阶段。

发酵细菌利用胞外酶对有机物进行体外酶解,使固体物质变成可溶于水的物质。然后,细菌吸收可溶于水的物质,并将其分解成不同产物。高分子有机物的水解速率很低,它取决于物料的性质、微生物的浓度,以及温度、pH 值等环境条件。纤维素、淀粉等水解成单糖类,蛋白质水解成氨基酸,再经脱氨基作用形成有机酸和氨,脂肪水解后形成甘油和脂肪酸。

(2)产酸阶段。

水解阶段产生的简单的可溶性有机物在产氢和产酸细菌的作用下,进一步分解成挥发性脂肪酸、醇、酮、醛、CO_2 和 H_2 等。

(3)产甲烷阶段。

产甲烷菌将产酸阶段的产物进一步降解成 CH_4 和 CO_2,同时利用产酸阶段所产生的 H_2 将部分 CO_2 转变为 CH_4。

其中,产氢是污泥厌氧消化过程中的一个中间阶段,为了获得更多的氢气,必须抑制或杀死污泥中的耗氢微生物(主要为产甲烷菌),以截断污泥厌氧消化过程中的氢转化过程。目前抑制或杀死耗氢微生物的方法主要有 3 种:①低 pH 值下运行;②短水力停留时间下运行;③采用预处理,由于污泥中的一些产氢微生物能形成芽孢,其耐受不利环境条件的能力比普通的微生物强,因此可以通过预处理抑制污泥中的耗氢微生物,达到筛选产氢微生物的目的。目前常用的方法主要有热处理、酸处理、碱处理和超声波处理等。另外,产氢量还受污泥初始 pH 值、污泥浓度和性质的影响。

本实验采用碱处理方法,并考察 pH 值对产氢过程的影响。

(三)实验装置和仪器

1.实验仪器

(1)气相色谱仪(配备 TCD 检测器,气化温度 100 ℃,柱温 50 ℃,检测器温度 180 ℃;高纯氮气为载气,流量为 20 mL/min,采用外标法定量)。岛津 Tracera 高灵敏度气相色谱仪如图 38-1 所示。

(2)pH 计。

(3)恒温摇床。台式恒温培养摇床如图 38-2 所示。

(4)气体收集瓶。

(5)烧杯、玻璃棒若干。

图 38-1　岛津 Tracera 高灵敏度气相色谱仪

图 38-2　台式恒温培养摇床

2.实验试剂及材料

污泥、NaOH、HCl。

(四)实验内容和步骤

1.污泥碱处理

将 4 mol/L 的 NaOH 溶液缓慢加入一定体积的污泥中,将其 pH 值调节到

12.0,搅拌约 10 min 使其混匀,室温下放置 24 h,然后将 pH 值调回到所需的条件,用于后续批量实验。

2. 产氢实验

将 50 mL 的试验污泥装入总体积为 125 mL 的血清瓶中,向瓶中充高纯氮 20 s 以驱除瓶中的氧气,再用橡皮胶塞密封。为了保证实验数据的可靠性,每个污泥样品都做 3 个平行实验,最后将其置于(36±1)℃恒温摇床上匀速振荡,避光培养,所产生的气体用排水法收集,分析气体收集瓶中上层气相的氢气含量。

(五)数据记录及处理

不同初始 pH 值对污泥发酵产氢过程的影响如表 37-1 所示。

表 37-1　不同初始 pH 值对污泥发酵产氢过程的影响(mL/g)

对照组	pH 值									
	3	4	5	6	7	8	9	10	11	12
1										
2										
3										

(六)注意事项

(1)实验应在厌氧条件下进行,因此实验装置必须严格密封。

(2)实验区域应杜绝火源,防止发生意外事故。

(七)思考与讨论

(1)热处理、酸处理、碱处理和超声波处理等预处理过程是如何抑制耗氢微生物对产氢过程的影响的?

(2)结合实验数据,解释 pH 值为何会影响产氢效率?

实验三十九　粉煤灰用于印染废水脱色处理综合实验

(一)实验目的

(1)掌握 COD 测定方法和色度测定方法。

(2)学会用粉煤灰作为吸附剂处理印染废水及评价其应用效果。

(二)实验原理

印染废水是我国目前主要的有害、难处理工业废水之一,其具有废水量大、水质变化快而无规律等特点,其中尤以染料的污染最为严重。利用粉煤灰处理印染废水,其色度和 COD 去除都可以达到很好的效果。

粉煤灰处理印染废水的机理主要是吸附作用,包括物理吸附和化学吸附。物理吸附指粉煤灰与吸附质间通过分子间引力产生吸附作用。这一作用取决于粉煤灰的多孔性和比表面积,比表面积越大,吸附效果越好。化学吸附是指粉煤灰表面存在大量的铝、铁、硅等活性位点,能与吸附质通过某种化学作用结合,促使离子交换和离子对的吸附。另一方面,粉煤灰中的一些成分还能与废水中的有害物质发生吸附和絮凝沉淀协同作用而使废水得以净化。此外,由于粉煤灰是多种颗粒的混合物,空隙率较大,废水通过粉煤灰时,粉煤灰也能起到截留一部分悬浮物的过滤作用。但粉煤灰的混凝沉淀及过滤只能对吸附起补充作用,并不能替代吸附的主导地位。

(三)实验装置和仪器

1. 实验主要试剂

粉煤灰、硫酸汞(AR)、重铬酸钾(AR)、硫酸亚铁铵(AR)、亚铁灵(AR)、氢氧化钠(AR)、硫酸(AR)。

2. 实验主要仪器

KDM 型控温加热套(图 39-1)、25 mL 比色管、电子天平、紫外分光光度仪、空气浴恒温振荡器(图 39-2)、PHB-5 型 pH 计、SKFG-01 电热恒温鼓风干燥箱。

图 39-1　控温加热套　　　　　　图 39-2　空气浴恒温振荡器

(四)实验内容和步骤

1.实验准备

取一定量的粉煤灰研磨成细粉,经 100 目筛子筛选后,放入烘箱中,107 ℃烘干 2 h 后取出,放入干燥器中备用。

2.粉煤灰吸附实验

取 6 个 300 mL 烧杯分别加入 50 mL 废水,用 NaOH 和 H_2SO_4 调节 pH 值。考察粉煤灰用量、搅拌时间、废水 pH 值对 COD 及色度去除的影响。

3.COD 的测定

用移液管准确移取 20 mL 混合均匀的水样,置于磨口锥形瓶中,加入 0.4 g 硫酸汞晶体、10 mL 重铬酸钾标准溶液及沸石,从冷凝管口缓慢加入 30 mL 混酸溶液,加热至沸腾并回流 15 min,冷却后用蒸馏水仔细冲洗冷凝管,取下锥形瓶并稀释溶液至 350 mL 左右,待溶液冷却至室温后,加入 3 滴试亚铁灵指示剂,用硫酸亚铁铵标准溶液滴定至由黄色至红棕色为终点。同时用蒸馏水做空白实验。COD 和 COD 去除率的计算式如下:

$$COD(O_2) = \frac{8 \times 1000C(V_1 - V_2)}{V_0}$$

$$\eta = \frac{A - B}{A} \times 100\%$$

式中,V_1——滴定空白溶液所消耗的硫酸亚铁铵标准溶液的体积(mL);

V_2——滴定水样所消耗硫酸亚铁铵标准溶液的体积(mL);

V_0——水样体积(mL)；

C——硫酸亚铁铵标准溶液的浓度(mol/L)；

η——水样 COD 的去除率(%)；

A——水样初始的 COD(mg/L)；

B——吸附后水样的 COD(mg/L)。

4.色度的测定

色度的测定参考稀释倍数法。取水样置于 50 mL 比色管中,在比色管的底部放上白色瓷板,从上向下观察稀释水样的颜色,并和另一只装有 50 mL 蒸馏水的比色管作对比,当水样颜色比蒸馏水的颜色深时,应继续稀释,直到水样颜色和蒸馏水对比看不出有差异时停止稀释,水样所稀释倍数即为该水样的色度。色度去除率的计算式如下:

$$\varepsilon = \frac{C - D}{C} \times 100\%$$

式中,ε——水样色度的去除率(%)；

C——水样初始色度(倍)；

D——吸附后水样的色度(倍)。

(五)实验结果分析

粉煤灰用量对处理效果的影响如表 39-1 所示,搅拌时间对处理效果的影响如表 39-2 所示,pH 值对处理效果的影响如表 39-3 所示。

表 39-1　粉煤灰用量对处理效果的影响

粉煤灰用量					
色度去除率					
COD 去除率					

表 39-2　搅拌时间对处理效果的影响

搅拌时间					
色度去除率					
COD 去除率					

表 39-3　pH 值对处理效果的影响

pH 值					
色度去除率					
COD 去除率					

(六)注意事项

使用后的粉煤灰可回收,以避免二次污染。

(七)问题与讨论

(1)粉煤灰作为吸附剂的原理是什么?

(2)除了粉煤灰,还有哪些物质可以作为吸附剂,为什么?

实验四十　秸秆类生物质材料制备活性炭综合实验

(一)实验目的

通过秸秆类生物质材料制备活性炭实验,了解我国生物质应用的广大前景,初步掌握活性炭的制备和测定方法。

(二)实验原理

生物质是指直接或间接地通过绿色植物的光合作用,将太阳能转化为化学能后固定和贮藏在生物体内的能量。从生物学角度,生物质可以分为植物和非植物两大类;从能源资源看,生物质分为森林资源、农业资源、水生生物资源、城乡工业与生活有机废物资源;从生物质开发利用的历史出发,生物质可分为传统生物质和现代生物质两类。一般情况下,生物质主要由纤维素、半纤维素和木质素三种成分组成,三种成分质量总和约占生物质质量的 90%。生物质来源广泛,种类多样,不同种类的生物质具有不同的特点和属性。

活性炭通常被认为是无定型碳,在制作过程中,挥发性有机物被去除后,晶格间的孔隙形成许多大小不同的细孔。这些细孔的孔壁总表面积(即比表面积)一般高达 $500 \sim 1700 \text{ m}^2/\text{g}$,这就是活性炭吸附性能强、吸附容量大的主要原因。

目前,物理活化法和化学活化法被广泛地应用在制备活性炭的工艺中,本实验重点研究化学活化法。化学活化法就是利用炭原料与不同的化学活化剂均匀混合、浸渍后,在适宜的温度条件下,原料经过炭化和活化,反应完成后将化学活化剂回收,最终得到活性炭产品。通常采用木质素含量较高的植物性原料。最常用的活化剂是氯化锌、磷酸和氢氧化钾。

(三)实验仪器和材料

1.实验仪器

电子分析天平、电炉、超声波清洗器、旋转蒸发仪(图 40-1)、紫外可见光分光光度计(图 40-2)、循环水泵、调温电热套、磁力搅拌器、真空干燥箱。

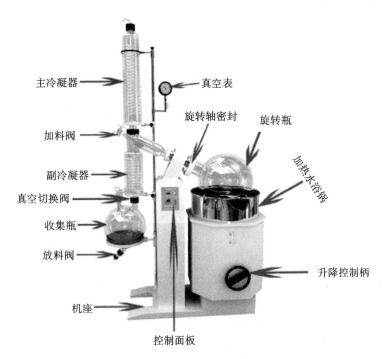

图 40-1 旋转蒸发仪示意图

主冷凝器
真空表
旋转轴密封
旋转瓶
加料阀
副冷凝器
加热水浴锅
真空切换阀
收集瓶
放料阀
升降控制柄
机座
控制面板

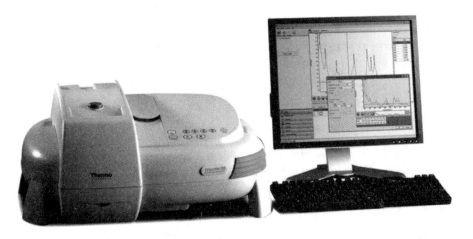

图 40-2 紫外可见光分光光度计

2. 实验材料

氢氧化钠、氯化锌、盐酸、亚甲基蓝、硫酸铜(所用药品和溶剂均为分析纯)。

（四）实验步骤和内容

1. 预处理

将稻草秸秆切割成 2～3 cm 的小段后，放入干燥箱中烘干，将烘干的稻草秸秆浸泡于 2% 的 NaOH 溶液中 48 h，再用蒸馏水清洗至 pH 值近中性后干燥。

2. 制备

准确称取已处理好的原料（木质素）5.000 g 放入瓷坩埚中，然后将配置好的氯化锌溶液按一定比例加入瓷坩埚中，搅拌混匀。将混匀的料液放入恒温干燥箱中，设定温度为所需的存放温度，时间为所需的存放时间。将陈放好的样品取出后放入高温马弗炉中，从室温升至所需活化温度，升温速率为 10 ℃/min，在一定时间内保持活化温度。将活化好的样品从马弗炉中取出，冷却至室温后研磨成粉末。

向样品中倒入适量盐酸溶液（6 mol/L），微波振动 20 min 后抽滤，保留母液，母液呈现黄色。重复 1 次。再将样品用 70～80 ℃ 热水洗涤至 pH 值近中性。将洗涤好的样品放入恒温干燥箱中，在 120 ℃ 下干燥至恒重。将干燥好的样品取出冷却后研磨成细粉末，得到黑色粉末状固体产品。

3. 灰分测定

将样品置于 900 ℃ 的马弗炉中加热 7 min 后，放入空气中冷却 5 min，然后移入干燥器内冷却至室温后称重。灰分含量计算式为：

$$V = \frac{m_1 - m_2}{m_1 - m} \times 100\%$$

式中，V——灰分（%）；

m——瓷坩埚的质量（g）；

m_1——加热前样品和瓷坩埚质量（g）；

m_2——加热后样品和瓷坩埚质量（g）。

4. 亚甲基蓝吸附值测定

（1）称取 3.6 g 磷酸二氢钾和 14.3 g 磷酸氢二钠溶于 1000 mL 水中，配制成 pH 值约为 7 的缓冲溶液。

（2）亚甲基蓝试剂的配置。

亚甲基蓝在干燥过后性质会发生变化，通常所使用的亚甲基蓝是未经过干燥的，所以需要在（105＋0.5）℃ 下干燥 4 h 后，测定其水分含量。未经干燥的亚甲基蓝样品的取用量按下式计算：

$$m_1 = \frac{m}{P(1-E)}$$

式中,m_1——干燥的亚甲基蓝的质量(g);

  E——水分含量(%);

  m——干燥品质量(g);

  P——亚甲基蓝的纯度(%)。

计算出与 1.5 g 亚甲基蓝干燥品相当的未干燥品的量,称取适量的亚甲基蓝(称准至 1 mg)未干燥品,置于烧杯中待溶解。将上述配制好的缓冲溶液加热至温度为 (60 ± 10) ℃。用此缓冲溶液将烧杯中固体全部溶解,然后将溶液置于 1000 mL 的容量瓶中,用缓冲溶液分次洗涤滤渣,最后用缓冲溶液稀释至标线。

(3)硫酸铜参比液的配制。

准确称取硫酸铜固体($CuSO_4 \cdot 5H_2O$)2.40 g,加入蒸馏水溶解后置 1000 mL 容量瓶中,将溶液稀释至标线,待用。

(4)亚甲基蓝试液的标定。

准确吸取 10.00 mL 亚甲基蓝溶液置于 200 mL 容量瓶中,用蒸馏水稀释至标线,将稀释液摇匀。然后从此稀释液中准确吸取 20 mL 加入 1000 mL 容量瓶中,用蒸馏水将溶液稀释至标线,将溶液摇匀后,立即用校正好的分光光度计在波长为 665 nm 条件下,用光径为 1 cm 的比色皿进行测定,所测定出的吸光度与硫酸铜参比液的吸光度偏差不应超过 ±0.01。

(5)活性炭对亚甲基蓝吸附值的测定。

取一支 100 mL 具有磨口塞的锥形烧瓶,称取经粉碎至 71 μm 的干燥的活性炭试样 0.100 g(准确称取至 1 mg),倒入锥形瓶中。然后向锥形瓶中滴入适量的已标定的亚甲基蓝溶液,待润湿全部活性炭试样后,立即置于微波上振荡 20 min,保持环境温度为 $(25+5)$ ℃。振荡结束后,用直径 12.5 cm 的中速定性过滤纸过滤。把滤液置于光径为 1 cm 的比色皿中,将校正好的分光光度计波长调至 665 nm 处,测定滤液的吸光度,而后与硫酸铜标准滤液的吸光度作对照。活性炭试样对亚甲基蓝溶液的吸附值即为所耗用的亚甲基蓝溶液的毫升数。

(6)活性炭试样对亚甲基蓝吸附值的表达方法。

活性炭对亚甲基蓝的吸附值可以 mL/0.1 g 为单位表示,也可以用 mg/g 为单位表示,其换算公式如下:

$$A = B \times 15$$

式中,A——亚甲基蓝吸附值(mg/g);

  B——亚甲基蓝吸附值(mL/0.1 g)。

(五)实验结果分析

活化温度对活性炭的影响如表 40-1 所示,活化时间对活性炭的影响如表 40-2

所示,活化剂溶度对活性炭的影响如表 40-3 所示。

表 40-1　活化温度对活性炭的影响

活化温度/℃					
灰分含量/(%)					
亚甲基蓝吸附值 /(mg/g)					

表 40-2　活化时间对活性炭的影响

活化时间/min					
灰分含量/(%)					
亚甲基蓝吸附值 /(mg/g)					

表 40-3　活化剂溶度对活性炭的影响

活化剂溶度/(g/L)					
灰分含量/(%)					
亚甲基蓝吸附值 /(mg/g)					

(五)注意事项

活性炭的制备通常包括炭化和活化两个过程。炭化是原料在一定温度和惰性气体保护的条件下,经过一定时间释放出挥发性物质,造成非碳物质减少和碳富集的过程。炭化原料明显失重,但仍保持初始孔隙结构,并且具有一定的机械强度。炭化的实质是原料中有机物进行热裂解的过程。活化过程是制备高比表面积活性炭的关键步骤,活化条件会影响活性炭的表面化学结构和孔隙结构。

(六)问题与讨论

(1)预处理中,将稻草秸秆浸泡于碱液的目的是什么?

(2)活化剂的作用机理是什么?

实验四十一　工业废渣渗滤特性模拟综合实验

(一)实验目的

(1)掌握工业废渣渗滤液的渗滤特性和研究方法。

(2)学会采用渗滤模型试验装置来大致测定有害物质含量。

(二)实验原理

实验采用模拟的手段,在玻璃管内填装经粉碎的固体废渣,以一定的流速滴加蒸馏水,根据渗滤水中有害物质的流出时间和浓度变化规律,推断固体废物在堆放时的渗滤情况和危害程度。

(三)实验设备和器材

(1)层析柱。

(2)1000 mL 带活塞试剂瓶。

(3)500 mL 锥形瓶。

(4)具砂板层析柱(如图 41-1 所示)。

(5)渗沥模型实验装置(如图 41-2 所示)。

(四)实验内容和步骤

将含铬工业废渣去除草木、砖石等异物,置于阴凉通风处,使之风干,压碎后,用四分法缩分,然后通过 0.5 mm 孔径的筛,称取 60~70 g 装样。

将上述样品装入层析柱,高约 200 mm。试剂瓶中装蒸馏水,以 4.5 mL/min 的速度通过层析柱流入锥形瓶,待滤液收集至 200 mL 时,关闭活塞,摇匀滤液。

(五)实验结果和计算

统计滤液体积、滴定速度、层析时间并观察实验现象,对相关结果进行计算。

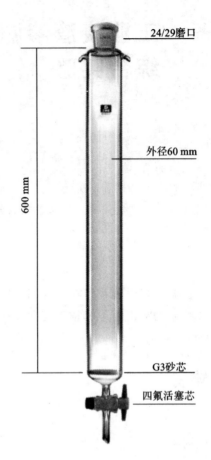

图 41-1 具砂板层析柱(60×600/24/G3/4F)

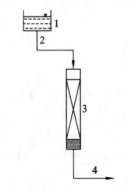

图 41-2 渗沥模型实验装置

1—水箱;2—进水;3—填料;4—出水

(六)注意事项

注意取样的代表性。

(七)问题与讨论

影响渗滤液中铬含量的因素有哪些?

实验四十二　赤铁矿尾矿资源化利用综合实验

(一)实验目的

通过赤铁矿尾矿资源化实验,对废弃物资源化、无害化、减量化有初步的了解,掌握赤铁矿尾矿资源化的实验方法。

(二)实验原理

赤铁矿尾矿是工业固体废物。赤铁矿尾矿的综合利用不仅能消除尾矿对环境的危害,还能使赤铁矿作为资源被回收利用,具有较好的环境和经济效益。赤铁矿的化学成分为 Fe_2O_3,晶体属三方晶系的氧化物矿物。单晶体常呈菱面体和板状;集合体形态多样,有片状、鳞片状(显晶质)、粒状、鲕状、肾状、土状、致密块状等。显晶质呈铁黑至钢灰色,隐晶质呈暗红色,条痕为樱红色,金属光泽至半金属光泽,摩氏硬度为 $5.5 \sim 6.5$,无解理,比重为 $5.0 \sim 5.3$。

由于浮选后的精矿品位不高,尾矿产生量大,其铁品位在 43% 左右,且原矿磨矿细度已经很小,如果想通过尾矿再磨,分离矿石中的硅和铁,达到富集铁的目的,难度很大,且成本不合算。本实验通过对赤铁矿尾矿采用酸浸-还原工艺,实现固废资源化、减量化。

硫酸亚铁通常含 7 个结晶水,分子式为 $FeSO_4 \cdot 7H_2O$。七水硫酸亚铁俗称绿矾,为天蓝色或绿色单斜结晶。在干燥空气中风化,表面会变成白色粉末。在潮湿空气中易氧化,生成棕黄色的碱式硫酸铁,反应式为:

$$4FeSO_4 + O_2 + 2H_2O =\!=\!= 4Fe(OH)SO_4$$

目前工业上七水硫酸亚铁的生产工艺有两种,本实验采用铁屑-硫酸法生产七水硫酸亚铁,其生产工艺过程是硫酸与铁屑反应,经沉淀、结晶、脱水,得到硫酸亚铁,化学反应式如下:

$$Fe + H_2SO_4 =\!=\!= FeSO_4 + H_2 \uparrow$$

硫酸亚铁是一种重要的化工原料,具有广泛用途:工业上用于制造各种铁盐、聚合硫酸铁、墨水、铁系颜料、磁粉等;农业上用作绿肥,是植物制造叶绿素的催化剂,对植物的吸收功能具有重要作用;用作除草剂,根治树干上的苔类、地衣;用作农药,主治小麦黑穗病,防治果园害虫及果树的腐烂病;用作饲料中广泛使用的添加剂;医药上用作局部收敛剂及补血剂,其所含铁是体内合成血红朊的原料;污水处理中用作净水剂;染料行业用作媒染剂,等等。

(三)实验装置和仪器

1.主要仪器

电动搅拌器、电子分析天平、超级恒温器(图 42-1)。

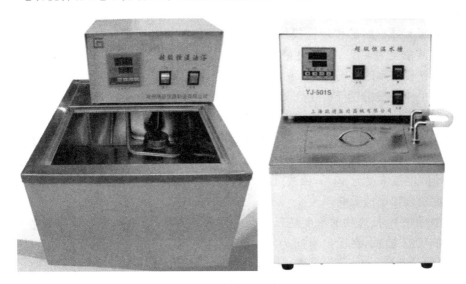

图 42-1　超级恒温器(油浴、水浴)

2.主要试剂

(1)10%氯化锡溶液:称取 10 g 氯化锡固体,用 50 mL 盐酸加热溶解,然后加水稀释至 100 mL。

(2)饱和氯化汞溶液:称取 7 g 氯化汞固体,溶于 100 mL 水中。

(3)硫酸、磷酸混合溶液:量取硫酸 150 mL,边搅拌边缓慢注入 700 mL 水中,待冷却后再加入 150 mL 磷酸,混合均匀。

(4)重铬酸钾基准试剂(0.1 mol/L):准确称取于 120 ℃ 干燥至恒重的重铬酸钾 4.9031 g,溶于 500 mL 水中,再移入 1000 mL 容量瓶,用蒸馏水稀释至刻度,摇匀。

(5)0.5%二苯胺磺酸钠指示剂:称取二苯胺磺酸钠 5 g,溶于 100 mL 水中。

（四）实验内容和步骤

1. 酸浸实验

将盛有一定浓度硫酸的容积为 500 mL 的三颈瓶置于超级恒温器中,快速搅拌,迅速加入 100 g 尾矿,恒温反应一段时间,过滤并洗涤滤渣得到铁盐溶液。尾矿与硫酸反应属于多相反应,反应中搅拌速度、反应时间、反应温度、硫酸浓度以及硫酸用量均会影响反应速度和全铁浸出率。

设硫酸实际投加量和理论投加量的比值为硫酸过量系数。在浸出时间为 1.5 h,硫酸溶液浓度为 40%,硫酸过量系数为 1.3,搅拌速度为 300 r/min 时,考察不同温度对全铁浸出率的影响。

尾矿中主要成分为 Fe_2O_3,是固体颗粒,尾矿与硫酸的反应首先在固体表面进行。硫酸和反应产物在尾矿颗粒表面处与液相中存在浓度差,搅拌能够加快硫酸和产物的扩散速度,会使反应加快。尾矿在反应溶液中沉于溶液底部,充分搅拌能够使尾矿均匀分散在溶液中,有利于尾矿与溶液充分接触、反应均匀。在浸出时间为 1.5 h,硫酸溶液浓度为 40%,硫酸过量系数为 1.3,反应温度为 100 ℃时,考察不同搅拌速度对浸出率的影响。

化学反应中,反应物的浓度是影响反应的重要因素,虽不能影响反应系数 k,但可以影响反应速度。在浸出时间为 1.5 h,搅拌速度为 400 r/min,反应温度为 100 ℃,硫酸过量系数为 1.5 时,考察不同硫酸浓度对浸出率的影响。

在浸出时间为 1.5 h,硫酸溶液浓度为 40%,搅拌速度为 400 r/min,反应温度为 100 ℃时,考察不同硫酸过量系数对浸出率的影响。

在浸出时间为 1.5 h,搅拌速度为 400 r/min,反应温度为 100 ℃,硫酸过量系数为 1.5,硫酸浓度为 45% 时,考察不同反应时间对铁浸出率的影响。

2. 硫酸亚铁的制备

往盛有上述酸浸液的三颈瓶中,加入废铁屑(模具厂的废料),慢速搅拌,用超级恒温器控制反应温度,用硫氰酸铵溶液检测 Fe^{3+},待反应液中无 Fe^{3+} 时停止反应,过滤得到硫酸亚铁溶液。将硫酸亚铁溶液置于大烧杯中,放置在带棉套的水槽中冷却结晶,或用冰水冷却结晶,过滤得到绿矾。

取酸浸液体 200 mL,反应时间为 2 h,铁屑的过量系数为 1.2,考察不同温度对全铁浓度和 Fe^{3+} 还原率的影响。

取酸浸液体 200 mL,反应时间为 2 h,反应温度为 50 ℃,考察不同铁屑加入量对反应的影响。

3. 结晶实验

酸浸液还原得到硫酸亚铁溶液后,制备绿矾比较关键的工艺是结晶。结晶方法一般有冷却结晶和蒸发浓缩结晶,其选用与物质溶解度有关。硫酸亚铁的溶解度主要受温度影响,温度越低,溶解度越小。通常硫酸亚铁(七水硫酸亚铁)结晶时的溶解度如表 42-1 所示。

表 42-1　七水硫酸亚铁溶解度

温度/℃	0	10	20	30	40	50
溶解度/g	15.65	20.51	26.5	32.9	40.2	48.6

结晶出来的七水硫酸亚铁在干燥空气中易风化,形成白色固体,在潮湿空气中易氧化成棕黄色的碱式硫酸铁,加热至 56.6 ℃时由七水物转变为四水物,64.4 ℃时又转化为一水物,故普通干燥 100 ℃将得到一水物。实验采用 50 ℃、真空度为 13.332 kPa时真空干燥 2.0 h。

4. 测定方式

(1)总铁含量的测定。

用过量的二氯化锡将溶液中三价铁还原成二价铁,剩余的二氯化锡用氯化汞氧化,然后以二苯胺磺酸钠作为指示剂,再用重铬酸钾基准试剂滴定至紫色,即为终点。

用 25 mL 移液管吸取 25 mL 待测样品置于 250 mL 的容量瓶中,加蒸馏水稀释至刻度,充分混匀作为分析试样。

用 10 mL 移液管吸取上述分析试样 10 mL 置于 250 mL 锥形瓶中,加浓盐酸 10 mL,加热至沸腾,边滴边摇,加入二氯化锡溶液,直至棕黄色消失,再滴加 1~2 滴使之过量,用自来水冲淋瓶外壁,使溶液迅速冷却。然后加入饱和氯化汞溶液 15 mL,同时摇匀,静置 2~3 min 出现白色丝状沉淀,用少量蒸馏水稀释之,再加入硫磷混酸 20~25 mL、5 滴 5%二苯胺磺酸钠指示剂,并立即用 0.1 mol/L 重铬酸钾基准试剂滴定至出现绿色,再次变为紫色即为终点,记录消耗的 0.1 mol/L 重铬酸钾基准试剂的体积。

总铁含量 W_{Fe}(g/L)的计算公式如下:

$$W_{Fe} = 55.85 \cdot C_1 \cdot V_1 / V$$

式中,C_1——重铬酸钾基准试剂的浓度(mol/L);

V_1——消耗重铬酸钾基准试剂的体积(mL);

V——所取样品的体积(相当于未稀释前的体积)(mL);

55.85——铁的相对原子质量。

(2)二价铁离子含量的测定。

用 10 mL 移液管吸取部分待分析试样 10 mL,置于 500 mL 锥形瓶中,加蒸馏水

200 mL 稀释,再加入硫磷混酸 20~25 mL,5 滴 5% 二苯胺磺酸钠指示剂,并立即用 0.1 mol/L 重铬酸钾基准试剂基准试剂滴定至出现绿色,再次变为紫色即为终点,记录消耗的 0.1 mol/L 重铬酸钾基准试剂的体积。

二价铁离子含量 $W_{Fe^{2+}}$(g/L)计算公式如下:

$$W_{Fe^{2+}} = 55.85 \cdot C_1 \cdot V_1/V_3$$

式中,C_1——重铬酸钾标准基准试剂的浓度(mol/L);

V_1——消耗重铬酸钾基准试剂的体积(mL);

V_3——所取样品的体积(相当于未稀释前的体积)(mL);

55.85——铁的相对原子质量。

(3)三价铁离子含量 $W_{Fe^{3+}}$(g/L)的计算公式如下:

$$W_{Fe^{3+}} = W_{Fe} - W_{Fe^{2+}}$$

(五)注意事项

搅拌速度减慢时,扩散速度也随之减慢,反应速度减慢,一部分尾矿甚至沉于烧杯底部,此时搅拌速度对实验结果影响较大。

(六)实验结果分析

(1)在酸浸实验中,分析搅拌速度、反应时间、反应温度、硫酸浓度以及硫酸用量对反应速度和全铁浸出率的影响。

(2)在硫酸亚铁的制备中,分析温度和铁屑加入量对 Fe^{3+} 还原率的影响。

(七)问题与讨论

(1)明矾的制取方式有哪些?

(2)如何利用赤铁矿制备 PFS(碱式硫酸铁或羟基硫酸铁)?

实验四十三　电解锰渣资源化利用综合实验

(一)实验目的

本实验通过对电解锰渣资源化和全量化利用关键技术的研究,促进环境保护,推动锰产业的可持续发展。开发锰渣中硫酸铵、硫酸锰的回收利用技术,实现电解锰渣的预处理;并对经过预处理与回收后的残渣进行建材资源化利用,满足节能减排战略的要求,实现可持续发展。

(二)实验原理

电解锰渣是硫酸法浸取碳酸锰矿制备电解锰液后产生的一种含水率高的固体废物。近年来,随着我国电解锰工业的快速发展,电解锰废渣的处理和资源化利用问题日益突出。

电解锰渣化学组成中,绝大部分是氧化硅、氧化铝、氧化硫,这与一般硅酸盐材料的化学组成比较类似,以黏土类矿物为主,是建筑原材料的较好选择。但锰渣中也含有一定量的锰和铵,未经任何回收利用而直接用于建材会降低锰渣的使用性能和经济价值,因此对锰和铵的回收利用对电解锰厂的经济效益和环境保护都具有十分重要的意义。

锰渣中残留总锰量为 $3.5\%\sim4.5\%$,而可溶性锰含量多达 $2.0\%\sim2.5\%$,由此导致了较高的锰损失,导致锰资源回收率仅为 $70\%\sim80\%$。因此,要想将电解锰渣中的可溶性锰元素回收利用,只要将这部分锰转化成水溶性的锰离子并加入碳酸铵使其以碳酸锰的形式析出即可。

浸取过程是一种固液萃取操作过程,在工业生产中,常利用浸取方法将有用物质从固相原料中提取出来,所得产物为浸取液。在本实验中,浸取所用原料为锰渣,浸取液为水或电解锰阳极液。因为锰渣是经还原方法所得到的,其中 60% 的锰几乎都以二价锰的形式存在。浸取的目的是使锰渣中的锰尽可能较多地从矿渣中溶解出来,并加入碳酸铵使其形成碳酸锰沉淀。

(三)实验试剂和仪器

1. 实验试剂

硫酸、磷酸、盐酸、氢氧化钠、碳酸铵、硝酸、重铬酸钾、硫酸亚铁铵、N-苯代邻氨基苯甲酸(以上试剂均为分析纯)。

2. 主要仪器

电子天平、恒温加热磁力搅拌器、数显恒温搅拌电热套、数字酸度计、高温电炉、超声波清洗器、循环水式多用真空泵、数显恒温水浴锅、原子吸收分光光度计(图 43-1、图43-2)。

图 43-1 原子吸收分光光度计

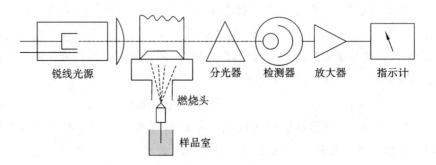

锐线光源　　燃烧头　分光器　检测器　放大器　指示计

样品室

图 43-2 原子吸收分光光度计单元工作示意图

(四)实验内容和步骤

1. 浸渣实验

将渣样于 105 ℃烘至恒重,研磨,过 80 目筛。取 50 g 渣粉于盛有一定量水的烧杯中,将烧杯置于恒温加热磁力搅拌器上,在转速为 80 r/min 条件下常温常压搅拌 2 h,静置后抽滤,得到含锰滤液,将滤液定容,按下式计算锰的溶出率。

$$W = \frac{C_s \times V_s}{M} \times 100\%$$

式中,W——锰的溶出率;

　　C_s——含锰滤液中锰的质量浓度;

　　V_s——含锰滤液的体积;

　　M——锰渣中可溶性锰总含量。

2. 碳酸铵沉淀法回收锰

向含锰滤液中加入二价锰理论消耗量适当倍数的碳酸铵,调节溶液 pH 值,并边搅拌边加入适量聚丙烯酰胺絮凝剂,常温下搅拌一定时间后,静置 30 min,抽滤,得到残留锰滤液。采用高碘酸钾分光光度法测定残留锰滤液中 Mn^{2+} 的浓度,按下式计算其回收率。

$$W = \frac{m - m_s}{m} \times 100\%$$

式中,W——锰的溶出率;

　　m_s——浸出后滤渣中锰的总含量;

　　m——浸出前可溶性锰总含量。

3. 锰含量的测定方法

本实验采用高氯酸氧化－硫酸亚铁铵滴定的方法测定锰含量。在磷酸介质中,加入高氯酸将二价锰氧化成三价锰,以 N-苯代邻氨基苯甲酸作为指示剂,用硫酸亚铁铵标准滴定溶液滴定,即可测得锰含量。具体实验过程如下。

(1)试剂的配制。

配制 0.05 mol/L 硫酸亚铁铵标准溶液($FeSO_4(NH_4)_2SO_4 \cdot 6H_2O$),0.05 mol/L 重铬酸钾标准溶液(($1/6)K_2Cr_2O_7$)),硫磷混合酸,2 g/L 的 N-苯代邻氨基苯甲酸指示剂。

(2)锰渣中总锰含量测定。

称取锰渣粉 0.2 g 左右,加入 5 mL 浓盐酸、20 mL 磷酸,加热溶解锰渣,趁热加入 3~5 mL 浓硝酸,加热至冒磷酸烟,取下稍微冷却,加入 2 mL 高氯酸,加热至液面平静,取下,冷却至 70 ℃ 左右,加入 50 mL 蒸馏水,振荡溶解可溶性盐类,用流水冷却至室温,以硫酸亚铁铵滴定。按下式计算锰渣中锰的含量。

$$W_1 = \frac{v \times c \times 54.94 \times 10^{-3}}{m} \times 100\%$$

式中,W_1——锰渣中锰的含量(%);

　　v——滴定试样消耗硫酸亚铁铵标准溶液的体积(mL);

c——硫酸亚铁铵标准溶液的浓度(mol/L);

m——锰渣的质量(g)。

54.94——锰的摩尔质量。

(3)含锰滤液中锰含量测定。

移取滤液 20.00 mL 于 250 mL 锥形瓶中,加入 15～20 mL 的浓磷酸,1.0～1.5 mL 的高氯酸,在高温电炉上加热,不断摇动溶液,待其冒大量白烟,液面平静后立即取下,冷却至 50～60 ℃,边摇动边加入 50 mL 水,溶解可溶性盐类后,以流水冷却,使其温度降至室温。用硫酸亚铁铵标准溶液滴定至淡紫色,加入 3 滴 N-苯代邻氨基苯甲酸指示剂,继续滴定至出现亮黄色为终点。按下式计算含锰滤液中锰的含量(W_2)。

$$W_2 = \frac{v \times c \times 54.94 \times 10^{-3}}{m_s \times \gamma \times W_1} \times 100\%$$

式中,v——滴定试样消耗硫酸亚铁铵标准溶液的体积(mL);

c——硫酸亚铁铵标准溶液的浓度(mol/L);

m_s——称取试样的质量(g);

γ——试液的分取比;

W_1——锰渣中锰的含量;

54.94——锰的摩尔质量。

(4)残留滤液中锰含量测定。

移取滤液 50.00 mL 于 250 mL 锥形瓶中,加入 15～20 mL 的浓磷酸,1.0～1.5 mL 的高氯酸,在高温电炉上加热,经常摇动溶液,待其冒大量白烟,液面平静后立即取下,冷却至 50～60 ℃,边摇动边加入 50 mL 水,溶解可溶性盐类后,以流水冷却,使其温度降至室温。用硫酸亚铁铵标准溶液滴定至淡紫色,加入 3 滴 N-苯代邻氨基苯甲酸指示剂,继续滴定至出现亮黄色为终点。按下式计算残留滤液中锰的含量(W_3)。

$$W_3 = \frac{v \times c \times 54.94 \times 10^{-3}}{m \times \gamma} \times 100\%$$

式中,v——滴定试样消耗硫酸亚铁铵标准溶液的体积(mL);

c——硫酸亚铁铵标准溶液的浓度(mol/L);

m——水洗液中锰的质量(g);

γ——试液的分取比;

54.94——锰的摩尔质量。

(五)注意事项

在不断搅拌下慢慢滴加稀的沉淀剂,以免局部相对过饱和度太大。

(六)实验结果分析

(1)水洗浸渣实验结果与讨论。

实验中影响 Mn^{2+} 溶出率的主要因素是水的用量,每次取渣粉 100 g,在渣(g):水(L)固液比分别为 1:1、1:3、1:5、1:7、1:10 条件下进行试验。

(2)沉淀剂用量对残余 Mn^{2+} 浓度及回收率的影响。

为确保实验稳定,每次取渣粉与水按质量比为 1:5 混合时所得的含锰滤液 100 mL。常温下固定反应时间 60 min,溶液 pH 值为 7,转速 80 r/min,絮凝剂浓度 0.4 mg/L,探讨 CO_3^{2-} 与 Mn^{2+} 以不同物质的量之比进行反应时对锰回收率的影响。

(3)溶液 pH 值对残余 Mn^{2+} 浓度及回收率的影响。

本实验讨论了当 CO_3^{2-} 与 Mn^{2+} 物质的量之比为 1.3:1,转速 80 r/min,絮凝剂浓度为 0.4 mg/L,沉淀时间为 60 min 时,在中性至碱性条件下 Mn^{2+} 的回收率变化情况。

(4)反应时间对残余 Mn^{2+} 浓度及回收率的影响。

反应时间取决于碳酸锰沉淀晶体成核速率和晶体成长速率。常温下固定 CO_3^{2-} 与 Mn^{2+} 物质的量之比为 1.3:1,溶液 pH 值为 7,转速 80 r/min,絮凝剂浓度 0.4 mg/L,探讨反应时间对锰回收率的影响。

(七)问题与讨论

(1)为什么要对电解锰渣进行锰回收?

(2)讨论电解锰渣中氨氮的回收实验设计。

实验四十四 生活垃圾焚烧处置及烟气组分分析实验

(一)实验目的

(1)掌握生活垃圾焚烧处置方法。

(2)了解手提式气体分析仪的使用原理。

(3)掌握手提式气体分析仪的操作方法,能独立进行烟气成分的测定。

(4)学会对烟气组成成分 CO_2、O_2、CO 及 N_2 进行分析与计算。

(二)实验原理

1. 焚烧原理

可燃物质燃烧,特别是生活垃圾的焚烧过程,是一系列十分复杂的物理变化和化学反应过程,通常可将焚烧过程划分为干燥、热分解、燃烧三个阶段。焚烧过程实际上是干燥脱水、热分解、氧化还原反应的综合作用过程。

(1)干燥。

干燥是利用焚烧系统热能,使入炉固体废物中的水分汽化、蒸发的过程。按热量传递的方式,可将干燥分为传导干燥、对流干燥和辐射干燥三种。进入焚烧炉的固体废物,通过高温烟气、火焰、高温炉料的热辐射和热传导,首先被加温蒸发、干燥脱水,从而着火条件和燃烧效果被改善。干燥过程需要消耗较多的热能。固体废物含水率的高低,决定了干燥阶段所需时间的长短,也在很大程度上影响着固体废物焚烧过程。对于高水分固体废物,特别是污泥、废水等,为了便于蒸发、干燥、脱水和保证焚烧过程的正常运行,常常不得不加入辅助燃料。

(2)热分解。

热分解是固体废物中的有机可燃物质,在高温作用下进行化学分解和聚合反应的过程。热分解既有放热反应,也可能有吸热反应。热分解的转化率,取决于热分解反应的热力学特性和动力学行为。通常热分解的温度越高,有机可燃物质的热分解越彻底,热分解速率就越快。热分解动力学服从阿伦尼乌斯经验公式。

(3)燃烧。

燃烧是可燃物质的快速分解和高温氧化的过程。根据可燃物质种类和性质的不同,燃烧过程亦不同,一般可划分为蒸发燃烧、分解燃烧和表面燃烧三种。当可燃物质受热融化、形成蒸气后进行燃烧反应,就属于蒸发燃烧;若可燃物质中的碳氢化合物等受热分解、挥发为较小分子可燃气体后再进行燃烧,就是分解燃烧;而当可燃物质在未发生明显的蒸发、分解反应时,与空气接触就直接进行燃烧反应,这种燃烧则称为表面燃烧。在生活垃圾焚烧过程中,垃圾中的纸、木材类固体废物的燃烧属于较典型的分解燃烧;蜡质类固体废物的燃烧可视为蒸发燃烧;而垃圾中的木炭、焦炭类物质燃烧,则属于较典型的表面燃烧。完全燃烧或理论燃烧反应,可用如下反应式表示:

$$C_xH_yO_zN_uS_vCl_w + (x+v+\frac{y-w}{4}-\frac{z}{2})O_2 \longrightarrow$$

$$xCO_2 + wHCl + \frac{1}{2}uN_2 + vSO_2 + \frac{(y-w)}{2}H_2O$$

式中,$C_xH_yO_zN_uS_vCl_w$ ——可燃物质化学组成式。

经过焚烧处理,生活垃圾、危险废物和辅助燃料中的碳、氢、氧、氮、硫、氯等元素,分别转化成为碳氧化物、氮氧化物、硫氧化物、氯化物及水等物质组成的烟气,不可燃物质、灰分等成为残渣。

焚烧炉烟气和残渣是固体废物焚烧处理的最主要污染物。焚烧炉烟气由颗粒污染物和气态污染物组成。颗粒污染物主要是气体燃烧带出的颗粒物和不完全燃烧形成的灰分颗粒,包括粉尘和烟雾;粉尘是悬浮于气体介质中的微小溶胶。细小粉尘被吸入后会深入人体肺部,引起各种肺部疾病。尤其是具有很大表面积和吸附活性的黑烟颗粒、微细颗粒等,常吸附有苯并芘等高毒性、强致癌物质,对人体健康具有很大危害。

2. 烟气分析原理

工业上,用于烟气成分分析的仪器种类有很多,本实验采用手提式气体分析器,它是在过去的奥式气体分析器的基础上加以改造后设计制作的,是一种利用不同的化学吸收剂逐次对烟气中各项组分进行吸收,来达到对烟气成分进行分析目的的仪器。主要用于对燃烧产物中的 CO_2、O_2 和 CO 的体积百分比进行测定。

(1)CO_2 的测定。

用苛性钾(KOH)或苛性钠(NaOH)溶液吸收 CO_2,吸收过程如下:
$$2KOH+CO_2 =\!=\!= K_2CO_3+H_2O$$

同时,此溶液中亦吸收烟气中含量很少的 SO_2,反应公式为:
$$2KOH+SO_2 =\!=\!= K_2SO_3+H_2O$$

(2)O_2 的测定。

用焦性没食子酸($C_6H_3(OH)_3$)钾溶液吸收 O_2,吸收过程如下:
$$C_6H_3(OH)_3+3KOH =\!=\!= C_6H_3(OK)_3+3\,H_2O$$
$$\text{(三羟基苯钾)}$$

$$2C_6H_3(OK)_3 + 1/2O_2 =\!\!=\!\!= (KO)_3 \cdot C_6H_3 \cdot C_6H_3(OK)_3 + H_2O$$
$$（六羟基联苯钾）$$

(3)CO 的测定。

用氧化亚铜(Cu_2Cl_2)的氨溶液吸收 CO,吸收反应式如下:

$$Cu_2Cl_2 + 2CO =\!\!=\!\!= Cu_2Cl_2 \cdot 2CO$$
$$Cu_2Cl_2 \cdot 2CO + 4NH_3 + 2H_2O =\!\!=\!\!= 2NH_4Cl + 2Cu + (NH_4)_2C_2O_4$$

(4)N_2 的测定。

对烟气中 N_2 不做单独的分析,测定 CO_2、O_2、CO 后剩余的气体都认为是 N_2。

(三)实验装置和仪器

(1)坩埚、坩埚钳各 1 个。

(2)烘箱 1 台。

(3)马弗炉 1 台(图 44-1)。

(4)量筒 100 mL 1 支。

(5)电子天平 1 台。

(6)手提式气体分析器 1 台(图 44-2)。

图 44-1　马弗炉

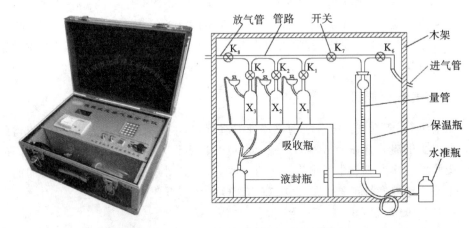

图 44-2　手提式气体分析器及其工作示意图

(四)实验内容和步骤

1. 吸收液的配制

(1)苛性钾(KOH)溶液。

取 1 份质量的 KOH 溶于 2 份质量的蒸馏水中。此溶液的吸收能力为 1 mL 约可吸收 40 mL 的 CO_2。待溶液中有白色结晶析出时,说明溶液已饱和,应更换新的。

(2)焦性没食子酸钾溶液。

焦性没食子酸钾溶液由以下两种(A、B)溶液混合而成:

A 液:把 5 g 焦性没食子酸溶于 15 mL 蒸馏水中;

B 液:把 48 g 氢氧化钾溶于 52 mL 蒸馏水中。

此种溶液吸收氧的能力与溶液的温度和氧的含量有关。当温度不低于 25 ℃ 而混合气体中氧含量不超过 25％ 时,吸收能力最强,速度最快。如果氧含量大于 25％ 而温度低于 15 ℃,吸收能力较弱,速度较慢。当温度低于 12 ℃ 时,便不能吸收。

该溶液 1 mL 约可吸收 12 mL 的 O_2。

(3)氯化亚铜铵溶液。

将氯化铵 250 g 溶于 750 mL 水中,加入 200 g 氯化亚铜,再把一份(体积)密度为 0.90 的氢氧化铵与上述的三份(体积)溶液混合。配制时应严格控制氢氧化铵的加入量,因为如加入量不够,吸收力变小;如加入量过大,形成的氨蒸气会影响测定结果。

此溶液 1 mL 可吸收约 15 mL 的 CO。

2. 生活垃圾的焚烧

(1)称取若干物料(生活垃圾)放在坩埚内去皮称重(100 g)。

(2)将盛物料的坩埚用坩埚钳放入马弗炉内。

(3)接通电源,设置升温速度为 25 ℃/min,将炉温升到 1000 ℃。

(4)恒温焚烧 60 min。

(5)断电,待炉自然降温后(不得立即开启炉膛),观察热处理产物并称重。

3. 取气样

烟气试样可采用吸气双连球取样。吸气双连球取烟气试样的连接方法如图 44-3 所示。

取样时,把取气管从烟囱的测孔插入,使取气管的进气口迎着烟气排出的方向;将排气管及贮气球胆进气口用铁夹子夹紧(贮气球胆中的气体要排净);用手反复挤压双连球,将烟气连同吸气管中残余气体一起挤入下球,待下球装满气体后,打开排气管夹子,将这部分混合气体排出,再将夹子夹紧,继续吸气,当把吸气管路中的残存气体排净后,即可夹紧排气管,打开贮气球胆进气口夹子,反复压挤,至球胆中充满烟气。最后将贮气球胆进气口夹紧,取下后待用。

4. 装溶液

手提式气体分析器共有 4 个吸收瓶,因做烟气分析一般测烟气中 CO_2、O_2、CO 的含量,所以只用其中的 3 个即可。

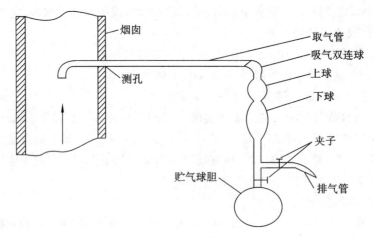

图 44-3　吸气双连球取烟气试样的连接图

为方便操作,选用 X_1、X_2、X_3 三个吸收瓶盛装吸收液,其中 X_1 盛装 KOH 溶液,用以吸收 CO_2;X_2 中盛装焦性没食子酸钾溶液,用以吸收 O_2;X_3 中盛装氯化亚铜铵溶液,用以吸收 CO。每瓶吸收液装入量约 200 mL。

将水准瓶内装入约 200 mL 5%硫酸溶液中,加甲基橙数滴,使溶液呈现红色,作为指示剂溶液。

再把液封瓶及保温套注满蒸馏水,以起到液封及保温作用。

5. 检查仪器的严密性

关闭 K_1 至 K_4 开关,打开 K_5 开关,抬高水准瓶,使量瓶中充满指示剂溶液,然后关闭 K_5,落下水准瓶。如果此时量管中的指示液未明显下降,即说明仪器的严密性可靠。如果量管中的指示液随水准瓶的落下而明显下降,则说明仪器有漏气的地方,应找出漏气处,严加密封。

6. 操作过程

(1)用水准瓶分别调节各吸收瓶内吸收液的液面,使各瓶内吸收液充满至阀门处。

(2)关闭 K_1 至 K_4 开关,打开 K_5,提高水准瓶,使指示液充满量管,将管路中空气排出。把烟气试样接入干燥管进口,关闭 K_5,打开 K_4,降低水准瓶,使烟气被吸入量管。然后关闭 K_4,打开 K_5,提高水准瓶,此时吸入的烟气连同管路中的残余空气一起排出。这样整个管路均被烟气"清洗"了一次,若"清洗"不净,可再"清洗"1~2 次。

(3)清洗完毕,提高水准瓶,使量管中充满指示液,关闭 K_5,打开 K_4,降低水准瓶。准确吸入烟气 100 mL。关闭 K_4,打开 K_1,提高水准瓶,将烟气压入 X_1 吸收瓶内,再将水准瓶位置降低,使烟气又被吸回量气管中,经过这样 3~4 次压入和吸回的过程后,将烟气吸入量气管内,关闭 K_1,把水准瓶靠近量气管,使水准瓶口指示液面与量气管中指示液面对齐至同一高度,记下此时量气管中液面读数。每次打开 K_1,重复以上操作,直到量气管中液面读数不变,即说明 CO_2 已被完全吸收,记下读数 V_1。

然后打开 K_2,按上述方法进行 O_2 的测定,记下读数 V_2。最后打开 K_3,进行 CO 的测定,记下读数 V_3。

(五)注意事项

(1)必须严格按操作步骤进行,各组分的吸收顺序不可混乱,否则将会使实验结果不准。

(2)谨慎操作,不可使吸收瓶内的溶液冲入管路与其他溶液混合。

(3)提升或放低水准瓶时动作要缓慢,以防指示液或吸收液冲入管路。

(4)转动各开关时不可用力过猛,以防损坏仪器。

(六)实验结果

焚烧实验数据记录表如表 44-1 所示,烟气分析器测定记录如表 44-2 所示。

表 44-1　焚烧实验数据记录表

实验项目	器皿质量/g	器皿＋生活垃圾/g	器皿＋灰分质量/g
焚烧			

表 44-2　烟气分析器测定记录

时间/min	取试样量/mL	X_1/mL	X_2/mL	X_3/mL
	100			
	100			
	100			
	100			
	100			
	100			

(七)问题与讨论

(1)水准瓶在实验中的作用及原理是什么?

(2)实验前为什么要检查仪器的严密性? 如漏气,如何处理?

(3)为什么在取气样和分析气样时都要洗气? 如何洗气?

实验四十五　从炼铁尾矿浮选回收硫铁矿综合实验

(一)实验目的

(1)理解浮选的原理、工艺。

(2)理解浮选在固体废物资源化利用过程中的应用。

(二)实验原理

浮选全称浮游选矿,主要指泡沫浮选,是根据矿物颗粒表面物理化学性质的差异,从矿浆中借助气泡的浮力实现矿物分选的过程,是细粒和极细粒物料分选中应用最广、效果最好的一种选矿方法。由于物料粒度细,粒度和密度作用极小,重选方法难以分离;对磁性或电性差别不大的矿物,也难以用磁选或电选分离。但根据它们的表面性质的不同,即根据它们在水中对水、气泡、药剂的作用不同,通过药剂和机械调节,可用浮选法高效分离出有用矿物和无用的脉石矿物。浮选在各种选矿方法中占主要地位,应用范围极广:不仅可以处理有色金属矿物,如铜、铅、锌、钼、钴、钨、锑矿等;也可以处理非金属矿物,如石墨、重晶石、萤石、磷灰石、长石、滑石等;还可以处理黑色金属矿物,如赤铁矿、锰、钛矿等。

一般的浮选多将有用矿物浮入泡沫产物中,将脉石矿物留在非泡沫产物中,通常称为正浮选。但有时却将脉石矿物浮入泡沫产物中,将有用矿物留在非泡沫产物中,这种浮选称为反浮选。如果矿石中含有两种或两种以上的有用矿物,其浮选方法有两种:一种是将有用矿物依次一个一个地选出为单一的精矿,此种方法称为优先浮选;另一种是将有用矿物共同选出为混合精矿,再把混合精矿中的有用矿物一个一个地分选开,此种方法称为混合浮选。

浮选药剂主要分为捕收剂、调整剂和起泡剂。

(1)捕收剂:用以增强矿物疏水性和可浮性的药剂;

(2)调整剂:主要用于调整捕收剂的作用及介质条件;

(3)起泡剂:促使矿浆中形成稳定泡沫的药剂。

除以上几大类外,还有分散剂、絮凝剂、消泡剂、脱药剂等。

（三）实验材料和仪器

药品：黄铁矿、黄药(1%)、水玻璃、二号油、六偏磷酸钠。

设备：浮选机、注射器、水盆、电子天平。

实验室用浮选机示意图如图 45-1 所示，实验室用单槽浮选机如图 45-2 所示。

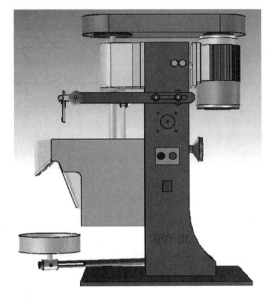 

图 45-1　实验室用浮选机示意图　　　　图 45-2　实验室用单槽浮选机

（四）实验内容和步骤

1. 矿样准备

对实际矿物按 500 g 的矿石加 275 mL 水的比例，研磨一定时间（时间根据矿物硬度来定），可先将分析纯或纯矿物用研钵磨至 200 目以下，再加入脉石矿物已磨好的矿浆中，进行浮选。

2. 浮选操作

(1)开机前用手拉动皮带空转，检查是否有润滑油，并查看是否漏油，检查连接螺丝紧不紧。

(2)将浮选机洗干净，在必要时加入石灰、苏打等碱类以除去油污，再用少量 H_2SO_4 中和。

(3)在加矿之前要关闭气门(衡阳式浮选机要塞住放矿口),然后开动马达,将矿液倒入槽内,再以少量水把盆底的沉砂洗入槽中,但要注意用水不可过量,以防跑槽。

(4)加入药剂时要按规定时间进行搅拌,各种药剂添加顺序为调整剂 $\xrightarrow{\text{搅拌}}$ 捕收剂 $\xrightarrow{\text{搅拌}}$ 起泡剂。在加药剂时要加入搅拌区,不能加到机壁上。

(5)打开气门充气 10~30 s,然后开始粗选,在刮泡过程中应不断加水以维护矿液面恒定。粗选之后再进行扫选。注意事项如下。

①一次试验的刮泡操作由一个人完成。

②若是人工刮泡,要垂直拿刮板,集中注意力刮出泡沫,切勿刮出矿浆,力求速度均匀、深浅一致。

③随时注意调节矿浆面,在粗选时力求及时刮出泡沫,以保证回收率,应不断加入补加水以维持矿浆液面恒定,在精选时为了确保精矿品位,矿浆面不宜过高。

④随时注意冲洗附着于浮选槽壁上的矿粒,使其进入槽内。

(6)浮选试验时注意观察泡沫颜色,确定试验浮选时间。

(7)浮选结束后,把刮板上黏附的精矿用洗瓶洗到精矿盘里,再倒出尾矿,并把槽子洗干净,洗水也应倒入尾矿中去。

(8)将产品贴上标签后烘干(注意烘干时精矿和尾矿不要靠在一起)。

(9)浮选后,浮选产品(精矿、中矿、尾矿)总质量与原矿量误差不能超过 1%。

(10)试验完毕后将选矿现象、化验样记录好,编好号码并保存好记录本。

(11)由于操作不谨慎、将浮选时间缩短或延长及药剂添加不当,泡沫量与颜色异常时,应重新实验。

3.观察浮选现象

(1)观察起泡的密度及矿浆的循环情况。

(2)观察泡沫(泡沫颜色、大小、均匀度、粒度、矿化程度)。

(3)观察泡沫随着时间的增长所发生变化的情况。

4.精矿分析

(1)过滤。

一般浮选得到的产品,都含有大量的水分,特别是尾矿产品含水量更高,产品中水分不除去将使产品不易干燥。为了加速尾矿的沉降,可加入适量的明矾或石灰清水。在过滤中为了避免损失,可用注射器吸取其上部清水,然后烘干即可,过滤应先过滤尾矿,再过滤精矿,防止精矿颗粒进入尾矿,影响分析结果。

(2)烘干。

过滤只能将产品中的重力水分除去而毛细水分则无法除去,此时应将产品烘干。烘样时应特别注意控制温度,温度不宜过高,否则将会使产品中的硫燃烧而导致产品报废,切勿使产品烧坏或因煮沸(未抽吸净)而造成飞溅损失,在烘样时应注意随时翻动物料,且不得离开工作岗位。

（3）取样。

经烘干后的产品,待其冷却后先称重,再倾倒于橡皮布中心,压碎在烘干过程中产生的团块。然后用翻滚法将其混匀(10 余次),最后将其压成薄圆饼形。用方格法或者用堆锥四分法取样 5 g 左右。在取样时,精矿、中矿、尾矿产品所用的橡皮布、毛刷、研缸等用具均须注明,禁止混用。

（4）研磨。

试验所得到的产品一般粒度较粗,送化学分析时试剂难以将其溶解。为此要先在研缸中研细,并通过 160 目筛网,然后将已研细的试样装入袋中。试样袋应编号并注明试样名称、化验元素、送样日期等。

（5）称量、分析。

（五）注意事项

（1）使用工具应放在操作方便的地方。

（2）要留意电机温升,防止烧毁电机,严防水溅到电机上。

（3）试验完毕应清洗并擦干一切实验设备及用具,放回原处,并打扫实验室。

（六）实验结果计算

（1）称取原矿质量 $m_1 = $ _____ g。

（2）得到精矿质量 $m_2 = $ _____ g。

（3）精矿得率为 _____ ％。

（4）精矿中铁的含量为 _____ ％。

（七）问题与讨论

（1）加 CaO 浮选时,黄铁矿可浮性有什么变化? 为什么?

（2）加 H_2SO_4 浮选时,黄铁矿可浮性有什么变化? 为什么?

实验四十六　建筑废弃物再生混凝土骨料综合实验

(一)实验目的

建筑废弃物大多为固体废物,一般是在建设过程中或旧建筑物维修、拆除过程中产生的。在我国,每年产生的建筑垃圾超过1亿吨,对人们的生活环境造成了很大的危害。建筑废弃物作为可循环利用的一种资源,越来越多地被用来制作混凝土砌块、粉煤灰砖等。本实验目的如下。

(1)了解再生骨料生产工艺。

(2)掌握物料破碎工艺和设备使用方法。

(3)掌握骨料强化配方技术。

(4)掌握利用建筑废弃物再生混凝土骨料制备性能良好的免烧砖的方法。

(二)实验原理

建筑废弃物中含有大量可再次利用的成分,其中,混凝土与砂浆片占30%～40%,砖瓦占35%～45%,陶瓷和玻璃占5%～8%,其他约占10%。主要化学成分是硅酸盐、氧化物、氢氧化物、碳酸盐、硫化物及硫酸盐等,具有相当好的强度、硬度、耐磨性、耐冲击韧性、抗冻性、耐水性等,总体来说强度高、稳定性好。

经初步分选、破碎后得到的建筑废弃物再生骨料,由于含有一定的水泥凝胶、未水化水泥颗粒和碳酸钙,分别具有形成水化铝酸钙与水化硅酸钙、作为水泥水化晶胚和继续水化形成凝胶产物的能力,因此,可以采用物理和化学激发的方法,使其代替部分胶凝材料制备砖产品。

(三)实验材料和装置

1.实验材料

(1)建筑废弃物:城市拆迁楼废弃物,主要以块状混凝土、废砖、砂浆片为主,另有少量以细混凝土颗粒为主的砂土。

(2)胶结料:硅酸盐水泥。

（3）水：自来水。

2. 实验装置

（1）实验球磨机（图 46-1）。

（2）颚式破碎机。

（3）压力实验机（图 46-2）。

（4）搅拌机（图 46-3）。

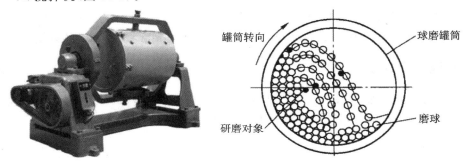

图 46-1　实验用球磨机及其工作原理图

图 46-2　压力实验机

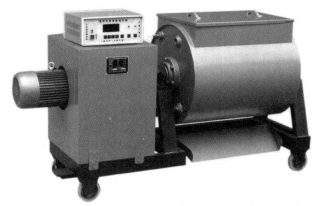

图 46-3　实验用单卧轴混凝土搅拌机

（四）实验内容和步骤

1. 废混凝土的选取

从工地上和实验室选取一定量的废混凝土。

2. 废混凝土的破碎

采用颚式破碎机将取来的废混凝土破碎后,再经实验用球磨机研磨,接着用筛网进行筛分,获得破碎粒度在 2 mm 以下,粒径小于 0.5 mm 的颗粒含量大于 50% 的骨料。

3. 设定混凝土配合比

将骨料和胶结料分别按照 2∶1、3∶1、4∶1、5∶1、6∶1、7∶1 和 8∶1(质量比)的比例,加水(水固比为 0.3)混合,制成 100 mm×100 mm×100 mm 的砌块。

4. 混凝土成型

按上述比例将原材料倒入搅拌机内搅拌,将搅拌好的混凝土装入 100 mm×100 mm×100 mm 的标准模具,放在混凝土振动台上振实并将其表面刮平。

5. 混凝土养护

将振实后的混凝土放入养护箱 24 h 后脱模,编号并放入养护箱(养护条件:温度(20±1)℃,相对湿度≥90%),分别做 7 d、28 d 混凝土抗压强度试验。

6. 抗压强度试验

(1)分别量测两个试块的受压面宽度 b 和长度 h,取平均值。

(2)将试块放在压力试验机加压板的中央,以 0.5 MPa/s 的速度均匀加荷,直到试块破坏,记录最大破坏荷重 P。

(五)注意事项

由于实验室颚式破碎机破碎粒径比较小,因此应先用人工破碎使混凝土碎块达到破碎机入口粒径要求,再用破碎机破碎。

(六)实验结果计算

(1)抗压强度计算公式如下。

$$R_{压}=P/F$$

式中,$R_{压}$——抗压强度(MPa);

P——最大破坏荷重(N);

F——受压面积(mm²)。

抗压强度以试块试验结果的算术平均值和单块试块的最小强度值来表示。

（2）根据表46-1分析骨料和胶结料的质量比对再生混凝土抗压强度的影响。

表46-1　采用不同骨料和胶结料质量比生成的混凝土抗压强度

骨料和胶结料的质量比	2∶1	3∶1	4∶1	5∶1	6∶1	7∶1	8∶1
抗压强度/MPa							

（七）问题与讨论

（1）谈谈建筑垃圾的危害及国家相关产业政策。

（2）根据实验结果,讨论利用建筑废弃物再生混凝土骨料制砖的可行性和现实意义。

实验四十七　污泥制备陶粒及其应用综合实验

(一)实验目的

(1)掌握污泥的终端材料化途径。

(2)掌握固废基材料在环境工程领域的应用。

(二)实验原理

陶粒,顾名思义,就是陶质的颗粒。陶粒目前主要分为两种,一种是广泛用于建筑行业的建筑骨料,另一种是用于水体处理的滤料。目前陶粒主要是以黏土、泥质岩石、工业废料(如粉煤灰、煤矸石等)为原料,并适当添加少量的黏结剂,成球,然后依次经过干燥、预热和焙烧等工艺过程,得到轻质且具有一定机械强度的建筑骨料;或多孔、吸水率大,具有较好吸附性能的滤料。制备陶粒的原材料应当满足两个条件:第一,它应当有一定的化学组分,其中应有足量的 SiO_2 和 Al_2O_3 作为骨架,并有一定数量的对 SiO_2 和 Al_2O_3 起助熔作用的熔剂(碱金属与碱土金属等),使物料在高温下能产生足够黏稠的熔融物,以包住气体,形成孔隙;第二,应当含有能在物料达到熔融温度时分解放出气体,或是与其他物质反应放出气体的物质。以上两个条件决定了制备陶粒的原料化学成分和矿物组成,适宜制备陶粒的原料化学成分含量为 $53\%\sim79\%$ SiO_2,$10\%\sim25\%$ Al_2O_3,$13\%\sim26\%$ Fe_2O_3、CaO、MgO、K_2O、Na_2O 等之和。因此所选的废弃物中应当含有 Si、Al、Fe、Ca、K 等主要元素,而污泥的组成与此范围对应,考虑到节约黏土、减少耕地的破坏,目前利用污泥制备陶粒已成为当前污泥处理处置技术的重点方向之一。污泥一般富含有机物,所制备的陶粒制品往往具有丰富的孔结构,可用于环境工程领域,去除污染物。

(三)实验设备与试剂

1.实验设备

烘箱,行星式球磨机(图 47-1),陶粒成球机(图 47-2),pH 计,箱式电阻炉(最高温度 1500 ℃)(图 47-3),水平振荡器,玛瑙碾,原子吸收分光光度计等。

图 47-1　行星式球磨机

图 47-2　陶粒成球机

图 47-3　箱式电阻炉

2. 实验试剂

硝酸铅(分析纯),去离子水。

(四)实验内容和步骤

1. 污泥的干燥与粉磨

将污泥置于 105 ℃的烘箱烘至恒重,采用行星式球磨机粉磨至全部粉末可过 100 目筛。

2. 陶粒生球的制备

称取 300 g 烘干污泥于烧杯,置于陶粒成球机搅拌,搅拌过程中均匀喷入 100 mL 去离子水,待形成半径 5 mm 左右的陶粒生球后,全部取出,放入托盘后置于阴凉通风处陈化 4 h。

3. 陶粒的烧制

将陈化后的陶粒生球放入电阻炉中进行烧制,具体的烧制程序设定如下:预热段从 50 ℃以 10 ℃/min 匀速升温至 500 ℃;在 500 ℃停留 20 min 后,以 10 ℃/min 匀速升温至 1100 ℃,在 1100 ℃烧成段停留 10 min。结束程序,待电阻炉自然冷却至 200 ℃以下后,打开炉门取出陶粒,置于干燥器中。待完全冷却后,用去离子水洗去陶粒表面浮粉,将洗好的陶粒置于 105 ℃烘箱烘干至恒重,装袋备用。

4. 陶粒粉末的制备

将陶粒制品用玛瑙碾粉磨成粉末,且全部过 100 目筛。

5. $Pb(NO_3)_2$ 溶液的配制

称取分析纯的 $Pb(NO_3)_2$ 固体 1.598 g 于烧杯中溶解,用玻璃棒搅拌混匀,后转入 1 L 容量瓶中,同时润洗烧杯和玻璃棒至少 3 遍后也转入容量瓶中,定容,得到 1 g/L 的 $Pb(NO_3)_2$ 溶液。从配制得到的硝酸铅溶液中取出 20 mL 溶液置于另一个 1 L 的容量瓶中,稀释定容,得到 20 mg/L 的 $Pb(NO_3)_2$ 溶液作为本实验的吸附溶液。

6. Pb 的吸附实验

称取 0.05 g 陶粒粉末置于 50 mL 离心管中,加入 20 mg/L 的 $Pb(NO_3)_2$ 溶液。密封后放入水平振荡器中振荡 24 h,取出振荡完毕的离心管,用 0.45 μm 的滤头抽滤出上清液,将上清液装入离心管,对上清液进行酸化后,放入冰箱中,于 4 ℃保存,等待后续测试。

7. Pb 的吸附率

利用原子吸收分光光度计测定步骤 5 中样品的 Pb^{2+} 含量,并测定其吸附率。

(五)实验结果计算

Pb 的吸附率计算公式如下:

$$A = \frac{C_0 - C}{C_0} \times 100\%$$

式中,A——吸附率(%);

C_0——吸附前原溶液浓度(mg/L),此实验为 20 mg/L;

C——吸附后溶液浓度(mg/L)。

(六)注意事项

(1)陶粒制品须充分冲洗,以去除表面浮粉,待洗完溶液澄清且 pH 值为 7±1 时,视为浮粉洗净。

(2)待测溶液须酸化至 pH 值小于 2 才能进原子吸收分光光度计进行测定。

(七)问题与讨论

(1)污泥基陶粒除了用作重金属的吸附剂外,在环境工程领域还有何种用途?

(2)试介绍海绵城市的概念,并论述海绵城市的建设与陶粒制备的关联性。

实验四十八　工业固废粉煤灰制备无机絮凝剂及应用综合实验

(一)实验目的

絮凝剂沉降法是废水处理中成本最低的处理方法。铝系絮凝剂具有沉降物絮体大,脱色效果好,絮体松散易碎,沉降速度慢的特点。铁系絮凝剂具有沉降物絮体密实,沉降速度快,絮体较小,卷扫作用差,脱色效果不好的特点。如何能将这两种絮凝剂的优点发挥,并将缺点摒弃,如何在聚硅酸中同时引入两种金属离子(Al^{3+}、Fe^{3+}),研制沉降效果好的高效絮凝剂是当前的主要课题。本研究以粉煤灰为原料,制备一种既含铝盐,又含铁盐的聚硅酸铝铁无机高分子絮凝剂。

(二)实验原理

反应机理:聚硅酸属于阴离子型无机高分子物质,带有负电荷,聚合铝铁是带有正电荷的聚合物。在一定条件下,向聚硅酸中加入适量聚合铝铁时,会进行中和电荷量的反应过程,生成带正电荷的复合型絮凝剂聚硅酸铝铁。

在弱酸性溶液中硅酸聚合反应式为:$HA_m^- + H_2A_n \rightarrow H_2A_{m+n} + OH^-$($A_m$ 代表 $[O_{m+1}Si_m(OH)_{2m}]^{2-}$,$A_n$ 代表 $[O_{n+1}Si_n(OH)_{2n}]^{2-}$,$m$ 和 n 可相同可不同,各等于 1,2,3…)。在强酸性溶液中硅酸聚合反应式为:$H_3A_m^+ + H_2A_n \rightarrow H_3A_{m+n}^+ + 2H_2O$。因此硅酸聚合作用按照两种不同历程进行,一种是在强酸性溶液中硅酸的一个中性分子(H_2A_n)和一个带一价正电荷离子($H_3A_m^+$)之间的羟联作用;另一种是在弱酸性溶液中硅酸的一个中性分子(H_2A_n)和一个带一价负电荷的离子(HA_m^-)之间的氧联作用。因此在弱碱性或弱酸性条件下,由于负一价原硅酸离子和原硅酸分子的聚合作用,且如果两种物质在溶液中存在的数量越多,则聚合的速度越快,故可利用中和所达到 pH 值的不同来控制聚合速度。

(三)实验仪器和药品

1.实验仪器

(1)恒温水浴锅。

（2）真空干燥箱。

（3）多工位定时恒温磁力搅拌器（图48-1）。

图 48-1　多工位定时恒温磁力搅拌器

（4）电子天平。

（5）马弗炉。

（6）酸度计。

（7）密度计。

（8）傅里叶红外光谱仪（图48-2）。

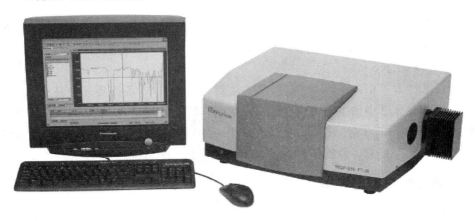

图 48-2　傅里叶红外光谱仪

（9）分光光度计。

2. 实验药品

氢氧化钠，盐酸，乙醇，碳酸钙，氯化铁（均为分析纯）。

(四)实验内容和步骤

1. 聚硅酸的制备

聚硅酸的制备是采用中和法来实现的,即利用硅酸钠在加酸条件下水解、聚合反应到一定程度时得到中间产物——聚硅酸。由于硅原子模型的四面体结构特征,所以聚硅酸具有很强的黏结聚集能力和吸附架桥作用。

(1)碱溶。

准确称取粉煤灰 0.50059 g 于洁净的 30 mL 银坩埚中,用 95％乙醇将试样润湿,加入适量分析纯氢氧化钠,放入马弗炉中,使之从室温缓慢升温到 600 ℃后,熔融 15 min,取出坩埚,平放于 50 mL 烧杯中,加 1 mL 95％乙醇及适量的沸水,盖上表面皿,等剧烈反应停止后,倒浸出物于 250 mL 烧杯中。以适量盐酸和刚煮沸的热蒸馏水交替冲洗表面皿、坩埚及坩埚盖四次,使熔融物完全浸出。以此为最优条件进行碱浸,收集 Na_2SiO_4,滤液待用。

(2)加酸聚合。

制备 Na_2SiO_4 溶液,用 8 mol/L 的 HCl 调节溶液 pH 值约为 4 后,100 ℃聚合 2 h,得到聚硅酸溶液。

2. 聚合铝铁的制备

(1)酸浸。

将 25 mL 浓度为 3 mol/L 的盐酸加入 2.0 g 粉煤灰中,在 100 ℃的恒温水浴中搅拌反应 1 h。重复此操作,制备多组,收集含 Al^{3+} 和 Fe^{3+} 的滤液待用。

(2)加碱聚合。

粉煤灰浸取液中的 Al^{3+} 的浓度较高,达到所需的要求,不需要外加补充 Al^{3+};但由于粉煤灰浸取液中的 Fe^{3+} 的浓度不高,达不到所需的要求,所以,本实验采用三氯化铁来补充 Fe^{3+} 的含量,使 Al^{3+} 和 Fe^{3+} 以一定的物质的量之比混合,加碱调节使溶液的 pH 值为 2,静置 3 h 使之聚合。聚合物为铁红色液体。

3. 聚硅酸铝铁的制备

将浸出液按照正交试验设计的硅、铝和铁元素物质的量之比,pH 值,熟化温度进行调整,搅拌反应至胶凝,再静置 24 h,即得产品聚硅酸铝铁(PAFSi)。此制备过程中初级产品为黄褐色液体,终级产品为橘红色黏稠液体。

4. 表征手段

(1)红外光谱实验:取 PAFSi 样,将样品置于烘箱中并于 50 ℃左右烘干,以 KBr

做本底,采用压片法用红外光谱仪测其红外光谱图。测定波长为 2.5~15 μm(波数为 4000~650 cm^{-1}),扫描次数为 32,分辨率为 4 cm^{-1},室内温度为 20 ℃。

(2)密度测定实验:准确称取一定量的 PAFSi,在密度计上测定其密度。

(3)浊度测定实验:选用 1 cm 比色皿,在波长 680 nm 处,测定标准浊度液吸光度值。绘制吸光度—浊度标准曲线,然后测定水样的吸光度值,并从标准曲线上查出相应的浊度。将一定量硫酸肼与 6-次甲基四胺聚合,生成白色高分子聚合物,作为浊度标准溶液,在一定条件下与水样浊度进行比较。

(五)注意事项

研究显示熟化时间超过 2 h,对所制备的絮凝剂絮凝效果影响不大,因此本实验熟化时间为 2 h。

(六)实验结果分析

(1)pH 值的选择及其对絮凝剂性能的影响。

絮凝剂制备过程中,对酸度做了系列调整,控制 pH 值分别为 2、3、4、5、6,观察实验现象。然后处理水样(原液浊度为 41.2 NTU)以检验不同 pH 值的絮凝剂的除浊性能。

(2)熟化温度对絮凝效果的影响。

分别在 20 ℃、40 ℃、60 ℃、80 ℃制备四组絮凝剂,pH 值均调节为 3,恒温加热的时间为 1 h。然后处理模拟水样(浊度为 41.2 NTU)。滴入 0.2 mL 液体产品,快速搅拌 1 min,慢速搅拌 5 min,静置 15 min,测其余浊,并计算除浊率。

(3)熟化时间对絮凝效果的影响。

在 20 ℃制备六组絮凝剂,pH 值均调节为 3,熟化时间分别为 0 h、0.5 h、1 h、1.5 h、2 h、2.5 h。然后处理模拟水样(浊度为 41.2 NTU)。滴入 0.2 mL 液体产品,快速搅拌 1 min,慢速搅拌 5 min,静置 15 min,测其余浊,并计算除浊率。

(4)红外光谱证实 PAFSi 中部分铝离子、铁离子及水解络合铝离子、水解络合铁离子可与共存的聚硅酸起螯合(络合)反应生成铝硅聚合物。

(七)问题与讨论

(1)粉煤灰的活化和激发方法有哪些?

(2)粉煤灰具有一定的火山灰活性,这对其中的硅、铝、铁的溶出是有利的,但若直接碱溶或酸溶,硅、铝、铁的溶出效率却往往并不高,这是为什么?

实验四十九　有机餐厨垃圾厌氧发酵利用综合实验

（一）实验目的

近年来随着城市生活设施和居住条件的改善，城市垃圾中餐厨垃圾的产生量有越来越大的趋势。餐厨垃圾具有含水量高、易腐蚀、营养丰富的特点。一方面具有较高的利用价值，另一方面必须对其进行适当的处理，才能得到社会效益、经济效益和环境效益的统一。与垃圾问题相似，传统能源储量日益减少以及能源需求的不断增长也是人类面临的巨大挑战，人们越来越认识到可再生能源的巨大潜力和发展前景。氢是一种十分理想的载能体，它具有能量密度高、热转化效率高、清洁无污染等优点。因此，作为一种理想的"绿色能源"，其发展前景十分光明。

从现有制氢工艺看来，厌氧发酵制氢有着诸多优势和巨大发展潜力。目前主要的研究是以有机废水为碳源，并取得了很大进展。而利用纤维素、淀粉和糖类等自然界储量很大且可再生的生物质资源，可以使生物制氢有更为广阔的研究前景，而不是局限于废水处理方面。从成分上来说，餐厨垃圾非常适合作为厌氧发酵制氢的原料，这样既能处理固体废物，又能产生清洁能源，是比较合理的处理方案。本实验将介绍利用餐厨垃圾厌氧发酵制氢的原理和方法。

（二）实验原理

一般认为有机质的厌氧发酵降解分为四个阶段，即水解、酸化、产乙酸和产甲烷阶段。其中，产乙酸和产甲烷阶段为限速阶段。自然环境中，这些过程是在很多有着共生和互生关系的微生物作用下完成的，各种微生物适宜生长环境可能不同。颗粒污泥中参与分解复杂有机物整个过程的厌氧细菌可分为三类：第一类为水解发酵菌，对有机物进行最初的分解，生成有机酸和乙醇；第二类为产乙酸菌，对有机酸和乙醇进一步分解，生成氢气、二氧化碳、乙酸；第三类为产甲烷菌，将氢气、二氧化碳、乙酸以及其他一些简单化合物转化为甲烷。有机物的厌氧降解生化过程如图 49-1 所示。

因此，可以通过适当的方法，阻断产甲烷菌的生长，使反应停留在产酸产氢阶段，从而实现制氢。

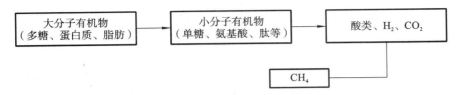

图 49-1 有机物的厌氧降解生化过程

(三)实验材料与仪器

1. 实验材料

(1)餐厨垃圾可取自餐馆和食堂,固体总干重含量以 40% 左右为宜,须分离出其中的骨类和贝类等不易降解的物质。

(2)厌氧发酵所用活性污泥可选择当地污水处理厂剩余脱水污泥。

(3)氢气(标准气体)。

(4)高纯氮气瓶。

(5)分析纯 $NaHCO_3$ 固体。

2. 实验仪器

(1)气相色谱仪(图 49-2):装配 TCD 检测仪,2 mm×3 mm 不锈钢填充柱填60-80 目 TDS-01 担体,载气为氮气。

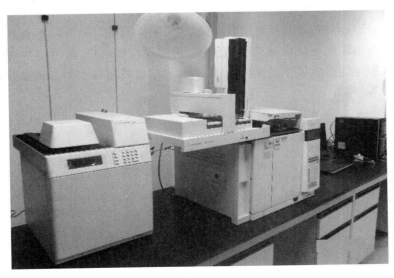

图 49-2 气相色谱仪

(2)电子秤或其他质量测量装置,测量范围大于 200 g。

(3)pH 计。

(4)电磁炉及蒸煮用锅具。

(5)湿式气体流量计(图 49-3)(需另备与其匹配的橡胶管若干),或者自制简易式排水法气体体积测量装置。反应容器和流量计间需要连接一个水封瓶。

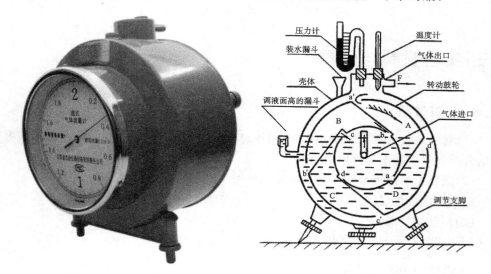

图 49-3　湿式气体流量计及构造示意图

(6)温度控制装置:包括数据控制仪、pt100 型温度探头、一定数量的电阻丝和电线,具体连接方法可参考数据控制仪的说明书。

(7)自制反应容器:由有机玻璃做成圆柱状主体,容积 500 mL,外壁用连接了温度控制装置的电阻丝缠绕以保持所需温度,顶部设气体出口,尺寸应为可与气体流量计通过橡胶管连接的尺寸,另设温度探头入口。也可用以水浴方式加热的合适容积的锥形瓶等容器。

(四)实验内容和步骤

(1)活性污泥高温预处理。

取适量污泥放在烧杯中,用塑料薄膜封口,在 100 ℃下高温蒸煮 15 min,将厌氧活性污泥内菌群灭活,保留具有芽孢的厌氧微生物。

(2)将 200 g 餐厨垃圾(经预处理后)与高温处理后的活性污泥以体积比 9∶1 混合均匀,置入反应容器。将反应容器灌满水以驱除空气,然后加入 $NaHCO_3$ 使容器中液体 pH 值达到 6 左右。将温度探头和气体导管接好,密封容器(确保各接口密封良好)。将反应器气体导管与气体流量计接好(中间连接一个水封瓶)。

（3）将温度控制为 (37 ± 1) ℃，进行厌氧制氢过程。每 8 h 记录一次产生气体的体积，并在橡胶管上对气体取样，用气相色谱仪检测，使用外标法得出其中的氢气含量。反应要进行 3 天左右，直到气体流量计读数不再改变为止。

（五）注意事项

实验前，须从餐厨垃圾中分离出骨类和贝类等不易降解的物质。

（六）实验结果记录

（1）将得到的生物气体累积体积（mL）、氢气体积分数（％）、氢气产量（mol）的数据进行整理并分别作出其随时间（h）变化的曲线图。氢气产量的数据根据氢气体积通过标准气体状态方程得出，温度和压强数据可以从流量计上的温度计和气压计读出。

（2）条件和时间允许的情况下，建议分组同时进行以下实验：步骤（2）中 pH 值可以分别改变为 5 和 7，步骤（3）的温度分别改变为 (20 ± 1) ℃ 和 (50 ± 1) ℃，注意每次只改变其中一个步骤。将各组得到的数据汇总，可得到相同 pH 值条件在不同温度下各数据比较图表，或者同温度条件在不同 pH 值情况下的各数据比较图表，或者同温度条件在不同 pH 值情况下的各数据比较图表。

（七）问题与讨论

（1）若不对污泥进行高温处理，对实验结果会有怎样的影响？
（2）总结对于餐厨垃圾厌氧发酵产氢最适宜的 pH 值和温度条件。

实验五十　典型固体废物污泥、塑料、橡胶热解综合实验

（一）实验目的

(1)了解热解的概念。

(2)熟悉污泥热解过程的控制参数。

（二）实验原理

热解是一种传统工艺,将木材和煤干馏后生成木炭和焦炭,用于居民生活取暖和工业冶炼钢铁,已经有了非常悠久的历史。随着现代工业的发展,热解技术的应用范围也在逐渐扩展,例如重油裂解生成轻质燃料油,煤炭气化生成燃料气等,采用的都是热解工艺。热解是将有机物在无氧或缺氧状态下加热,使之成为气态、液态或固态可燃物质的化学分解过程。

固体废物热解过程是一个复杂的化学反应过程,包含大分子的键断裂、异构化和小分子的聚合等反应,最终生成各种较小的分子。热解过程可以用通式表示如下:有机固体废物→气体(H_2、CH_4、CO、CO_2)+有机液体(有机酸、芳烃、焦油)+炭黑+炉渣。例如,纤维素热解→$3C_6H_{10}O_5$→$8H_2O+C_6H_8O+2CO+2CO_2+CH_4+H_2+7C$,其中 C_6H_8O 代表液态的油品。

（三）实验装置和材料

(1)卧式或立式热解炉(图 50-1)。

(2)实验材料,选取城市污水处理厂的生物污泥、塑料、橡胶等。

(3)烘箱 1 台。

(4)漏斗、漏斗架。

(5)1000 mL 量筒 1 支。

(6)定时钟 1 只。

(7)实验室颚式破碎机 1 台(图 50-2)。

(8)电子天平 1 台。

图 50-1　热解炉

(四)实验内容和步骤

(1)记录实验设备基本参数,包括热解炉功率,旋风分离器的型号、风量、总高、公称直径,气体流量计的量程、最小刻度。

(2)记录反应床初始温度、升温时间。

(3)记录实验数据。

(五)注意事项

(1)注意热解实验对象总量的控制。

(2)注意热解升温速度的控制。

(3)不得立即开启炉膛。

(4)要考虑热解后续处理。

图 50-2　实验室颚式破碎机

(六)实验结果记录

热解结果记录表如表 50-1 所示。

表 50-1　热解结果记录表

实验序号	1	2	3	4	5
热解温度/℃	400	500	600	700	800

(七)问题与讨论

(1)对实验结果进行讨论,分析误差产生原因。

(2)提出实验改进意见与建议。

(3)固体废物热解的特点有哪些?

(4)固体废物热解的工艺有哪些类型?

(5)热解和焚烧的区别有哪些?

附

典型固体废物的热解工艺及流程

1.塑料的热解产物及流程

1)塑料热解产物

塑料的品种除前面提到过的热塑性及热固性两大类外,根据其受热分解后的产物又可分成解聚反应型塑料和随机分解型塑料,以及二者兼而有之的中间分解型塑料。解聚反应型塑料受热分解时聚合物解离、分解成单体,主要原理是切断了单体分子之间的结合键。这类塑料有聚氧化甲烯、聚 α-甲基苯乙烯、聚甲基丙烯酸甲酯、四氯乙烯塑料等,它们几乎完全分解成单体。随机分解型塑料受热分解时链的断裂是随机的,因此产生不固定数目的碳原子和氢原子结合的低分子化合物。这类塑料有聚乙烯、聚氯乙烯等。大多数塑料的受热分解后,二者兼而有之。各种分解产物的比例,随塑料的种类、分解的温度而不同,一般温度越高,气态的(低级的)碳氢化合物的比例越高。由于产物组分复杂,要分解出各种单个组分比较困难,一般只将气态、液态和固态三类组分回收利用,此外,还有利用塑料的不完全燃烧回收炭黑的热解类型。塑料中含氯、氰基团的,热分解产品中一般含 HCl 和 HCN,而塑料制品中含硫较少,热分解得到的油品含硫分也相应较低,是一种优质的低硫燃料油,为此,日本开发了废塑料与高硫重油混合热解以制得低硫燃料油的工艺。

2)热解流程

塑料导热系数较低,为 $0.07\sim0.3$ kcal/(m·h·℃)(与干木材相同),当加热到熔点温度(100~250 ℃)时,中心温度还很低,如继续加热,外部温度可达 500 ℃以上并产生炭化,而内部温度才达到可熔化的程度。外部炭化会妨碍内部的分解,故热效率低。另外,塑料品种多,废塑料品种混杂,分选困难。因此开发了独特的废塑料热解流程。

(1)减压分解流程。

日本三洋电机根据塑料导热系数低的特点开发了利用微波炉与热风炉加热、减压蒸馏的流程,于 1972 年 6 月完成 3 吨/天处理量的试验性工厂。将经破碎的废塑料送入熔化炉,并加入发热效率高的热媒体(如炭粒),当微波照射时产生热量。由热风炉与微波同时加热至 230~280 ℃使塑料熔融。如含聚氯乙烯时产生的氯化氢可通过氯化氢回收塔回收,熔融的塑料除去金属等不熔融的物质以后,送入反应炉,用热风加热到 400~500 ℃($6.7×10^4$ Pa)分解,生成的气体经冷却液化制成回收燃料油。

(2)聚烯烃浴热解流程(低温热分解流程)。

这是日本川崎重工开发的一种方法。它是利用聚氯乙烯(PVC)脱 HCl 的温度比聚乙烯(PE)、聚丙烯(PP)和聚苯乙烯(PS)分解的温度低这一特点,将 PE、PP、PS在接近 400 ℃时熔融,形成熔融液使 PVC 受热分解。把 PVC、PE、PP、PS 加入 380~400 ℃的 PE、PP、PS 的热浴媒体中,分解温度低的 PVC 首先脱除 HCl 汽化,之后PE、PP、PS 熔融形成热浴媒体,再根据停留时间的长短 PE、PP、PS 逐渐分解。分解产物有 HCl 和 C1~C30 的碳氢化合物,此外还有 CO、N_2、H_2O 及残渣等。HCl、C1~C4 是气体,C5~C6 是液状,C7~C30 为油脂状的碳氢化合物。经冷凝塔及水洗塔,回收油品及 HCl,气体经碱洗后作为燃料气燃烧供给热解需要的热量。本流程的优点是用对流传热代替导热系数小的热传导。由于分解温度低,没有金属(PVC的稳定剂)的飞散。

(3)流化床法。

为了使热分解炉内温度均一,改善传热效果,多使用流化床热分解炉。流化用的气体可用预热过的空气,部分(约 5%)废塑料燃烧产生热量供加热用。热媒体用0.3 mm 粒径的砂,从热风预热炉来的热风把媒体层加热到 400~450 ℃,破碎成 5~20 mm 大小的废塑料经运输机送入分解炉,从热媒体获得热量进行分解,同时部分废塑料燃烧产生热量,贮藏于热媒体中加热塑料,供给分解需要的能量。正常运转时,预热炉停止使用。流动层内设置搅拌浆,以保证流化床层温度均一,同时防止废塑料与热媒体黏附在一起变成块状物阻止流化的进行。该热解炉的优点是内热式供热,热效率高。但由于部分塑料燃烧,产生的非活性气体 N_2、H_2O 及 CO_2 等夹在热解气体中,热解气体热值不高,回收率也较其他方法低。本方法操作简单,控制容易,适用于负荷波动较大的情况。

2.废橡胶的热解产物及流程

1)废橡胶热解产物

橡胶分天然橡胶与人工合成橡胶两类。废橡胶主要是指用天然橡胶生产的废轮胎,工业部门的废皮带和废胶管等。人工合成的氯丁橡胶、丁腈橡胶由于热解时会产生 HCl 和 HCN,不宜热解。废轮胎热解的产物非常复杂,轮胎热解所得产品中气体占 22%(质量),液体占 27%,炭灰占 39%,钢丝占 12%。气体主要为甲烷(15.13%)、乙烷(2.95%)、乙烯(3.99%)、丙烯(2.5%)、一氧化碳(3.8%),水、CO_2、氢气和丁二烯也占一定的比例。液体主要是苯(4.75%)、甲苯(3.62%)和其他芳香族化合物(8.50%)。在气体和液体中还有微量的硫化氢及噻吩,但硫含量都低于标准。热解产品组成随热解温度不同略有变化,温度增加,气体含量增加而油品减少,碳含量也增加。

2)热解流程

废轮胎的热解炉主要应用流化床及回转窑,现已达到实用阶段。废轮胎经剪切破碎机破碎至小于 5 mm,轮缘及钢丝帘子布等绝大部分被分离出来,磁选去除金属丝。轮胎粒子经螺旋加料器等进入直径为 5 cm、流化区为 8 cm、底铺石英砂的电加热反应器中。流化床的气流速率为 50 L/h,流化气体由氮及循环热解气组成。热解气流经除尘器与固体分离,再经静电沉积器除去炭灰,在深度冷却器和气液分离器中将热解所得油品冷凝下来,未冷凝的气体作为燃料气为热解提供热能或作流化气体使用。由于上述工艺要求进料切成小块,预加工费用较大。故日本、美国、德国等国的公司与汉堡公司合作,建立了日加工 1.5~2.5 t 的废轮胎的实验性流化床反应器。该流化床内部尺寸为 900 mm×900 mm,轮胎不经破碎即能进行加工,可节省大量破碎费用。流化床用砂或炭黑组成,由分置为两层的 7 根辐射火管间接加热。一部分生成的气体用于流化床,另一部分燃烧为分解反应提供热量。整轮胎通过气锁进入反应器,轮胎到达流化床后,慢慢地沉入砂内,热的砂粒覆盖在它的表面,使轮胎热透而软化,流化床内的砂粒与软化的轮胎不断交换能量、发生摩擦,使轮胎渐渐分解,2~3 min 后轮胎全部分解完,残留在砂床内的是一堆弯曲的钢丝。钢丝由伸入流化床内的移动格栅移走。热解产物连同流化气体经过旋风分离器及静电除尘器,将橡胶、填料、炭黑和氧化锌分离除去。气体通过油洗涤器冷却,分离出含芳香族的油品。最后得到甲烷和乙烯含量较高的热解气体。整个过程所需要的能量不仅可以自给,还有剩余热量可供给他用。产品中芳香烃馏分含硫量小于 0.4%,气体含硫量小于 0.1%。含氧化锌和硫化物的炭黑通过气流分选器后可以得到符合质量标准的炭黑,再应用于橡胶工业。残余部分可以回收氧化锌。采用整轮胎的流化床热解工艺,在经济上是合算的。Eskel-mann 公司正计划建立一家采用整只废轮胎和含有碳氢化合物废料作原料的年产 6000～10000 t 的芳香族馏分商业性工厂。1979 年普林斯顿轮胎公司与日本水泥公司共同研究了用废轮胎作水泥燃料的试验,该方法主要考虑废轮胎含有铁和硫,它们是水泥所需要的组分,轮胎中的橡胶及炭黑是燃料,可以提供水泥烧制所需要的能量。其工艺流程为先将废轮胎剪切破碎至一定粒度,投入水泥窑(回转窑),在 1500 ℃ 左右高温燃烧,废轮胎和炭黑产生 37260 kJ/kg 的热量。废轮胎中的硫氧化成二氧化硫,在有金属氧化物存在时会进一步氧化成三氧化硫,与水泥原料石灰结合生成 $CaSO_4$,变成水泥成分之一,防止了二氧化硫的污染,金属丝在 1200 ℃ 熔化,与氧反应生成 Fe_2O_3,进一步与水泥原料 CaO、Al_2O_3 反应而成为水泥的组分之一。由于水泥窑身比较长,轮胎在水泥窑中比在一般焚烧炉中停留时间长,并且水泥窑内温度高达 1500 ℃,燃烧完全,不会产生黑烟及臭气。相关报告显示,投入废轮胎后每吨水泥可节省 C 号重油 3%。由于该项技术成果发表时,正是第二次石油危机之际,日本各水泥厂争相采用该技术,据 1979 年 8 月的统计,采用此法的水泥厂家达 21 家,可处理 15.8 万吨废轮胎。

3. 城市垃圾热解产物及流程

1)城市垃圾热解产物

随着工业产值的增长,人民生活水平的提高,城市垃圾中可燃组分含量日趋增长,纸张、塑料以及合成纤维等占有很大密度。因此,城市垃圾作为资源回收也是一个重要的方面。热解回收燃料油及燃料气是一种资源回收途径,其产物的组分与垃圾成分与热解温度以及热解装置有关。

2)热解流程

有关城市垃圾热解的研究中,美国和日本结合本国城市垃圾的特点,开发了许多工艺,有些已达实用阶段。由于垃圾组分的不同,有些流程在美国适用,但在日本不适用。同样,我国的城市垃圾成分不同于美国和日本,这些工艺过程能否用于我国还有待研究。

(1)移动床热分解法。

经适当破碎除去重组分的城市垃圾从炉顶的气锁加料斗进入热解炉,从炉底送入约 600 ℃ 的空气-水蒸气混合气,炉子的温度由上到下逐渐增加。炉顶为预热区,下方依次为热分解区和气化区。垃圾经过各区分解后产生的残渣经回转炉栅从炉底排出。空气-水蒸气与残渣换热,使排出的残渣温度接近室温,热解产生的气体从炉顶出口排出。炉内压力为 700 mmH$_2$O。生成的气体中含 N$_2$43%,H$_2$和 CO 含量均为 21%,CO$_2$ 为 12%,CH$_4$ 为 1.8%,C$_2$H$_6$、C$_2$H$_4$ 在 1% 以下。由于含大量的 N$_2$,其热值非常低,为 3770～7540 kJ/mN^3。

(2)双塔循环式流动床热分解法。

该工艺由荏原-工技院及月岛机械分别开发。二者共同点都是将热分解及燃烧反应分开在两个塔中进行。热解所需的热量,由热解生成的固体炭或燃料气在燃烧塔内燃烧来供给。惰性的热媒体(砂)在燃烧塔内吸收热量并被流化气鼓动成流化态,经联络管到热分解塔与垃圾相遇,供给热分解所需的热量,经联络管返回燃烧塔,被加热后返回热分解塔。受热的垃圾在热分解塔内分解,生成的气体一部分作为热分解塔的流动化气体循环使用,一部分为产品。而生成的炭及油品,在燃烧塔内作为燃料使用,加热热媒体,在两个塔中使用特殊的气体分散板,伴有旋回作用,形成浅层流动层。垃圾中的无机物残渣随流化的热媒体砂的旋回作用从两塔的下部排出。双塔的优点:燃烧的废气不进入产品气体中,因此可得高热值燃料气($16700 \sim 18800$ kJ/mN³);在燃烧塔内热媒体向上流动,可防止热媒体结块;因炭燃烧需要的空气量少,向外排出废气少;在流化床内温度均一,可以避免局部过热;由于燃烧温度低,产生的NO_x少,特别适用于处理热塑性塑料含量高的垃圾的热解。

(3)管型瞬间热分解法。

垃圾从贮藏坑中被抓斗吊起送上皮带输送机,由破碎机破碎至约 5 cm 大小,经风力分选后干燥脱水,再筛分以除去不燃组分。不燃组分被送到磁选及浮选工段,在浮选工段可以得到纯度为 99.7% 的玻璃,回收 70% 的玻璃和金属。由风力分选获得的轻组分经二次破碎成约 0.36 mm 大小,由气流输送入管式分解炉。该炉为外加热式热分解炉,炉温约为 500 ℃、常压、无催化剂。有机物在送入的瞬间进行分解,产品经旋风分离器除去炭末,再经冷却后热解冷凝,分离后得到油品。气体作为加热管式炉的燃料。由于是间接加热得到的油、气,故热值都较高(油的热值为 3.18×10^4 kJ/L,气的热值为 18600 kJ/mN³)。1 t 垃圾可得 136 L 油、约 60 kg 铁和 70 kg 碳(热值为 2.09×10^4 kJ/kg)。此法由于前处理工程复杂,破碎过程动力消耗量大,故运转费用高。

(4)回转窑热解法。

垃圾经锤式破碎机破碎至 10 cm 以下,放在贮槽内,用油压活塞送料机自动连续地向回转窑送料,垃圾与燃烧气体对流而被加热分解产生气体。空气用量为理论用量的 40%,使垃圾部分燃烧,调节气体的温度为 730~760 ℃,为了防止残渣熔融,需保持在 1090 ℃ 以下。每千克垃圾约产生 1.5 mN³ 气体,发热量为 4600~5000 kJ/mN³,热值的大小与垃圾组成有关。焚烧残渣由水封熄火槽急冷,从中可回收铁和玻璃。热解产生的气体在后燃室完全燃烧,进入废热锅炉可产生 47 atm 的蒸汽用于发电。此分解流程由于前处理简单,对垃圾组成适应性高,装置构造简单,操作可靠性高。在美国马里兰州的巴尔的摩市由美国环境保护署(EPA)资助建设了日处理 1000 t 的实验工厂,处理能力为该市居民排出垃圾的一半,窑长 30 m,直径 60 cm,每分钟转 2 转,二次燃烧产生的气体,用两个并列的废热锅炉回收 91000 kg 的蒸汽。

(5)高温熔融热分解法。

该工艺是将城市垃圾转变成能量并副产粒状熔渣。其流程是在气化炉中用预热到 1000 ℃的空气将分解出来的炭燃烧,产生 1650 ℃的高温将无机残渣熔融,热解产生的燃料气在二次燃烧室燃烧,产生的高温气体为 1150～1250 ℃,85%进废热锅炉,15%预热空气。垃圾不经前处理(粗大的垃圾切断到 1 m 以下)用吊车投入进料输送机上,送入气化炉顶,下降时与高温气体相遇,首先进行干燥,然后进行热分解,发生炭化,在熔融区与预热过的空气相遇,燃烧产生 CO 和 CO_2,放出的热量使惰性组分的温度升高至 1650 ℃而熔融,被由出口水槽连续流入的水冷却,成为黑色豆粒状的熔渣。热解产生的气体与气化炉一次燃烧产生的气体送入二次燃烧室,补充适当的空气,混合燃烧,完全燃烧的气体为 1150～1250 ℃,自二次燃烧室排放出来,这部分高温气体 85%进入废热锅炉生产蒸汽,15%用来预热进入气化炉的一次燃烧空气。熔渣的成分含铁、玻璃等无机物质,可以代替碎石作建材的骨料。由于高温熔融,熔渣的体积只有原垃圾体积的 3%～5%,可大幅度地减容。因为没有炉栅,不存在高温烧坏炉栅的问题。该系统比较容易进行自动控制和管理。1971 年在纽约州的 Orchard Park 建造了一个日处理 75 t 的装置,运转良好。

(6)纯氧高温热分解 UCC 法。

垃圾由炉顶加入并在炉内缓慢下移。纯氧从炉底送入后首先到达燃烧区,参与垃圾燃烧。垃圾燃烧产生的高温烟气与向下移动的垃圾在炉体中部相互作用,有机物在还原状态下发生热解。热解气向上运动,穿过上部垃圾层并使其干燥。最后,烟气离开热解炉去净化系统被处理回收。此烟气中包括水蒸气、由高沸点有机物冷凝的油雾和少量飞灰,其余气体混合物以 CO、CO_2、H_2 为主,约占 90%。此种气体的热值不高,只有 12900～13800 kJ/m^3。为了使气体的热值与管道天然气热值相当,在系统后面有一甲烷化过程,使低热值气体先经加压变换,在催化剂作用下 CO 与 H_2O 反应变成 CO_2 和 H_2。当 CO 及 H_2 的比达到甲烷化的要求,再将气体经洗涤器除去部分 CO_2 及 H_2S,可从中回收元素硫,经洗涤的气体进入一系列甲烷化装置,得到人造天然气,其热值可达 35800～36500 kJ/m^3。在燃烧区,一些不可燃成分形成惰性物质如玻璃、金属等材料的熔融体,流经炉底的水封槽,成为坚硬的颗粒状熔渣。本方法垃圾无须前处理,流程简单。有机物几乎全部分解,分解温度高达 1650 ℃,由于未供应空气而是采用纯氧,NO_x 产生量极少。垃圾减量较多,为 95%～98%。本法的关键是能否提供廉价的纯氧。美国哥伦比亚大学的技术中心,对从城市垃圾回收能量的方法进行比较和评价,主要从对环境的影响、运转的可靠性和经济可行性几个方面进行了比较。以每日处理 1000 t 为基准,以日元计算,投资金额假设 15 年偿还,年息 7%。从经济比较结果来看,以纯氧高温热分解 UCC 法处理费用最低,而管型瞬间热分解法的处理费用最高。尽管从产生的液体燃料易于贮藏和输送这一点来看,管型瞬间热分解法有其优点,但因此法生产的焦油黏性高、腐蚀性强,在贮藏过程中有聚合的倾向,不能混掺于油中;而且回收的气体热值低,使用受到限制。高温熔融热分解法也有同样的缺点。在这几种方法中以纯氧高温热分解 UCC 法最好,对环境影响小,运转简单,产品适用面广,净处理费用也不高,大约与纽约市填埋处理同样量的垃圾费用相当。

4. 污泥热解

有机污泥一般都采用焚烧法处理以回收能量,但在焚烧过程中会产生二次污染,如废气含 SO_x、NO_x、HCl,残渣含重金属;有些热值不高的污泥还需辅助燃料;含有铬的污泥焚烧时相当大的一部分铬被氧化成毒性较高的六价铬等,采用污泥热解的方法以回收能量可以避免以上问题。但是污泥与前面所述塑料、橡胶等不同,它含有大量的水分,需要干燥到含水量为 20%～30% 再进行热解。干燥可直接加热也可间接加热,为防止臭气逸出,用间接加热特别是蒸汽间接加热更有利。

1) 污泥热解流程

污泥热解流程简单。污泥与干燥过的一部分污泥在搅拌器中混合进入干燥器干燥,然后送入热解炉热解。从干燥器出来的气体在冷水塔中经冷却凝缩去水后可作为燃烧气在燃烧室中使用。热解产生的气体经冷却后可回收油或热量。气体导入燃烧室,在 800 ℃ 以上燃烧。燃烧室产生的高温气体在废热锅炉中产生蒸汽用于干燥,若能量不足可在燃烧室加补助燃料。

2) 污泥与固体废物联合热解

近年来,国外固体废物热解的另一发展趋势是将城市垃圾和含可燃组分的工业垃圾与污泥进行联合热解,这样可以更有效地回收热能。1971 年以来,西欧各国相继建成了一些联合处理装置。在德国建设的两套工业规模的装置是目前欧洲最大的综合废水处理厂联合热解处理设施。其采用水墙式焚烧炉,日处理能力分别为 3170 t 和 1680 t。脱水污泥的干燥是由焚烧炉的烟道气在干燥室进行的(干燥污泥的是固体含量为 90% 的干燥粉),然后用烟道气将其吹入焚烧炉进行焚烧。这两套装置自 1975 年开始运转,产生的蒸汽除用于污泥处理外,还可供局部加热使用。法国也建成了三套联合热解处理装置。美国联合碳化物公司于 1974 年建立了日处理能力为 200 t 的联合热解处理系统。美国目前正在兴建和计划兴建的还有 6 处联合热解处理系统。它们分别位于加利福尼亚的 Cantra,明尼苏达州的 Duluth、纽约州的 Gloncove、宾夕法尼亚州的 Harrisburg、田纳西州的 Memphis 和特拉华州的 Wilmington。

污泥与固体废物联合热解有以下特点。

(1) 固体废物中有用的无机物可以直接回收,有机物的热量亦可被回收利用。

(2) 尾气经过多级净化处理,废水经过一般处理均能达到允许排放的标准。

(3) 残渣中的微量元素可进行填埋处理,而占地面积只有传统填埋面积的 20%～30%,还可省去传统填埋的预处理流程。

(4) 改变了污泥热解处理的地位,大大提高了污泥作为能源的竞争能力。可提供大量的电能以满足大型现代化场所需的能源。根据相关学者的判断,污泥热解处理将是今后污泥处理的主要方向。

实验五十一　电子垃圾塑料热解资源化利用综合实验

(一)实验目的

(1)理解热解的原理。

(2)熟悉电子垃圾塑料热解过程的影响因素。

(二)实验原理

热解是指将有机物质在隔绝空气条件下加热,或者在少量氧气存在的条件下部分燃烧,使之转化成有用的燃料或化工原料的热化学过程。热解过程是一个复杂的化学反应过程,包含大分子的键断裂、异构化和小分子的聚合等反应,最终生成各种较小的分子。热解技术可以对电子垃圾中的树脂塑料等成分进行降解,从而得到热解油等可以用来作为燃料或化工原料的产物。热解气具有很高的热值,热解残渣中含有大量的金属和玻璃纤维,易被分选再利用。

(三)实验装置和仪器

(1)管式电阻炉(型号:GSL-1700X)1 台。

(2)高纯氮气 1 瓶。

(3)累积流量计(型号:LML-1)1 台。

(4)气体采样袋(L 形单阀)1 个。

(5)分析天平(型号:赛多利斯 BBA124S 224S)1 台。

热解实验在氮气氛围中进行,热解实验系统分为进气系统、主反应器系统、液体收集系统和尾气收集系统。热解装置如图 51-1 所示。

液体收集系统采用冰浴冷凝,热解产生的气体中的一部分在经过液体收集装置之后冷凝成为焦油。气体经过冷凝装置与塞有棉花的干燥管,再经过 0.1 mol/L 的 NaOH 吸收液,产生的尾气经过硅胶干燥与流量计计数器之后,采用 L 形单阀气体采样袋进行收集。真空管式电阻炉如图 51-2 所示,气体采样袋(单阀)如图 51-3 所示,湿式气体流量计如图 51-4 所示。

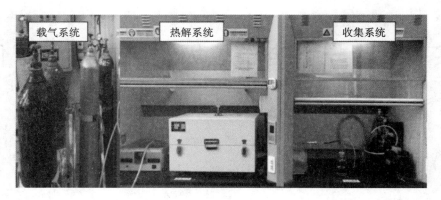

图 51-1　热解装置

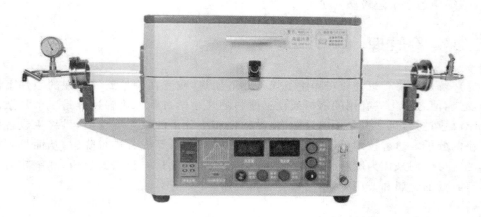

图 51-2　真空管式电阻炉

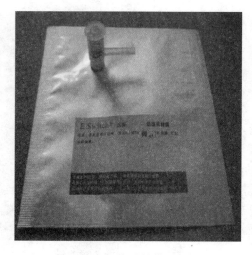

图 51-3　气体采样袋(单阀)

图 51-4　湿式气体流量计

(四)实验内容和步骤

(1)将各组件以及原料进行称重。

(2)按照管式电阻炉操作规程设置升温程序。

(3)使用肥皂泡法检查整套装置的气密性,通过观察载气流量较小的时候,NaOH 吸收液是否出现气泡的方法来判断气密性是否达到要求。

(4)待气密性达到要求之后,通入氮气以排出石英管中的空气。

(5)调整载气流速并开始启动预先设置好的升温程序。

(6)炉温到达热解温度时,将实验原料推入反应区,反应时间为 30 min。实验过程中一直保持 200 mL/min 流速的氮气吹扫,确保热解实验在无氧条件下进行。

(7)反应结束后,待反应区冷却至室温,拆下管路,对各个部件进行称重并记录质量,使用二氯甲烷溶液对液体收集装置进行清洗,保留清洗液用于后续的分析与表征。

(8)对热解得到的产物进行称重。

(五)实验结果记录与计算

热解条件下各分解产物质量记录表如表 51-1 所示。

表 51-1 热解条件下各分解产物质量记录表

序号	1	2	3	4	5
热解温度/℃					
热解时间/min					
原材料质量/g					
热解油质量/g					
热解残渣质量/g					
热解气质量/g					

热解气质量采用差减法计算:

$$m_3 = m_0 - m_1 - m_2$$

式中,m_3——热解气质量;

m_0——原材料质量;

m_1——热解油质量;

m_2——热解残渣质量。

（六）注意事项

（1）每次进行热解实验之前，应将整个实验装置于 800 ℃下通空气加热 4 h，确保石英管管壁上之前实验残留的物质燃烧完全。

（2）实验开始之前应对整个实验装置的冷态气密性进行检查。

（七）问题与讨论

（1）电子垃圾塑料的特点有哪些？

（2）热解法处理电子垃圾塑料的优缺点是什么？

（3）热解油的用途有哪些，使用过程中是否存在弊端？

实验五十二 废旧铅膏的碱法回收综合实验

(一)实验目的

(1)了解碱法回收铅膏的基本原理。
(2)理解并掌握 E-pH 图的含义。
(3)了解浸出过程、沉淀过程的影响因素。

(二)实验原理

铅膏是铅酸蓄电池的重要组成部分,也是最难处理的部分,其主要成分是 $PbSO_4$,还含有一部分 PbO、PbO_2 和少量杂质,如处理不当极易对环境造成难以挽回的破坏。铅是一种典型的两性金属,在强碱性条件下可溶解于溶液中,从而实现与其他杂质元素的分离。强碱溶液中的铅主要以 PbO_2^{2-} 形式存在,与 S^{2-} 反应,极易生成 PbS 沉淀,从而实现 Pb 的快速分离回收。Pb-H_2O 系 E-pH 图如图 52-1 所示,Pb-S-H_2O 系 E-pH 图如图 52-2 所示。

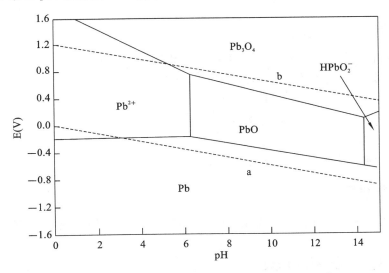

图 52-1 Pb-H_2O 系 E-pH 图(25 ℃,总铅活度为 10^{-2})

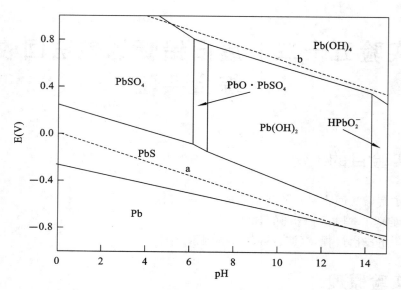

图 52-2 Pb-S-H₂O 系 E-pH 图(25 ℃,总铅活度为 10⁻²)

本实验涉及的化学方程式如下:

$$PbSO_4 + 4NaOH \Longrightarrow Na_2PbO_2 + 2H_2O + Na_2SO_4$$

$$Na_2PbO_2 + Na_2S + 2H_2O \Longrightarrow 4NaOH + PbS$$

(三)实验仪器和材料

1. 实验仪器

(1)分析天平(型号:赛多利斯 BBA124S 224S)1 台。

(2)机械搅拌装置(型号:HD2015W)1 台(图 52-3)。

(3)恒温水浴锅(型号:HH-4)1 台。

(4)烧杯、烧瓶、量筒等玻璃仪器。

(5)布氏漏斗过滤装置 1 套。

(6)原子吸收分光光度计 1 台(图 52-4)。

2. 实验材料

铅膏、氢氧化钠(分析纯)、硫化钠(分析纯)、硝酸(分析纯)、纯水,等等。

(四)实验内容和步骤

(1)称取 8 g 粒状 NaOH 于 250 mL 烧瓶中,加入 100 mL 纯水配成 2 mol/L

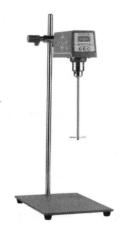

图 52-3　机械搅拌装置

图 52-4　原子吸收分光光度计

NaOH 溶液。

（2）将盛有 NaOH 溶液的烧杯置于恒温水浴锅中，设置温度为 55 ℃，开启机械搅拌。

（3）待烧瓶中溶液温度达到 55 ℃，称取 10 g 左右铅膏，缓慢加入溶液中，恒温反应 1 h。

（4）过滤，将滤渣放置于烘箱，60 ℃烘干后称重，收集滤液并量取体积，稀释后采用原子吸收分光光度计检测其铅浓度。

（5）取一定体积滤液，计算其中含铅量及理论硫化钠消耗量。

（6）25 ℃条件下，向溶液中加入理论量的硫化钠，在机械搅拌状态下反应 30 min，过滤，重复步骤（4）。

（五）实验结果记录与计算

铅膏质量 m_0 为 _____ g；

氢氧化钠浸出液中铅浓度 C_1 为 _____ mg/L；

氢氧化钠浸出液体积 V_1 为 _____ mL；

氢氧化钠浸出渣质量 m_1 为 _____ g；

硫化钠消耗量 m_2 为 _____ g；（$m_2 = \dfrac{C_1 \times V_1}{207.2} \times 78 \times 10^{-6}$）

沉淀后液中铅浓度 C_2 为 _____ mg/mL；

沉淀后液体积 V_1 为 _____ mL；

沉淀渣质量 m_3 为 _____ g。

(六)注意事项

(1)氢氧化钠溶液放置于空气中易变质,浸出过程中应采取加盖密封塞等措施减少溶液与空气的接触,降低实验误差。

(2)配置好的氢氧化钠溶液须升温至设定温度后,再加入铅膏且开始实验计时。

(3)铅膏密度较大,搅拌过程中易在烧瓶底部沉积,实验过程中需注意观察,及时调整,保证铅膏与溶液充分接触。

(4)浸出液碱性较强,过滤过程中可能造成滤纸穿透而导致过滤失败,可通过增加滤纸厚度等方法避免滤纸穿透。

(5)实验过程所用药品、溶液均为强碱性,操作人员应佩戴手套、护目镜等防护用具,避免造成伤害。

(七)问题与讨论

(1)碱法回收铅膏的优势是什么?

(2)铅膏中 S 的迁移路径是什么,后续应如何回收?

实验五十三　赤泥废弃物中铁的回收综合实验

（一）实验目的

（1）了解赤泥的基本物理化学性质。

（2）理解赤泥资源化回收的难点。

（3）掌握铁还原的基本过程及原理。

（二）实验原理

赤泥中含有较多的铁、铝等有价元素，尤其是采用拜耳法生产氧化铝后外排的赤泥，普遍具有较高的铁含量（Fe_2O_3含量为30%～70%），这种高铁赤泥的回收利用价值极高，首选便是回收其中的铁，有效处理高铁赤泥既可减轻环保压力，又可获得经济效益。在众多从赤泥中回收铁的技术中，"还原焙烧-磁选"是一种操作简便、效率较高的回收方法。

铁作为多价金属，其氧化物的还原过程是一个阶段性过程，即先从高价铁氧化物还原到低价铁氧化物，再到零价金属铁。当$T > 570 \ ℃$时，还原顺序为$Fe_2O_3 \rightarrow Fe_3O_4 \rightarrow FeO \rightarrow Fe$；$T < 570 \ ℃$时，由于$FeO$（浮氏体）不能稳定存在，$Fe_3O_4$直接还原成金属铁，即$Fe_2O_3 \rightarrow Fe_3O_4 \rightarrow Fe$。在低于熔化温度条件下将铁矿石还原的炼铁生产过程称为直接还原法，其还原过程包括气基直接还原和煤基直接还原。前者多以H_2、CO为还原剂，后者以煤为还原剂。从热力学观点看，铁氧化物的固体碳还原（直接还原）反应，可认为是间接还原反应与碳的气化反应（布多尔反应）的加和反应，即：

$$\left. \begin{array}{l} FeO + CO = Fe + CO_2 \\ CO_2 + C = 2CO \end{array} \right\} \longrightarrow FeO + C = Fe + CO$$

（三）实验仪器和材料

1. 实验仪器

（1）箱式电阻炉（型号：YFX 5/16Q-YC）1台。

（2）石墨坩埚（150 mL）1个（图53-1）。

(3)磁选机(型号:XCGS-50)1 台(图 53-2)。

(4)真空过滤机(型号:SHZ-DIII)1 台(图 53-3)。

(5)分析天平(型号:赛多利斯 BBA124S 224S)1 台。

图 53-1　石墨坩埚　　　　　　　　　　　　　　　图 53-2　磁选机

图 53-3　真空过滤机

2. 实验材料

赤泥、活性炭、碳酸钠(分析纯)、氧化钙(分析纯),等等。

(四)实验内容和步骤

(1)生料制备。

取 100 g 赤泥、15 g 活性炭、15 g 碳酸钠、5 g 氧化钙,将其混匀制得生料,放入石墨坩埚,加盖封闭。

(2)还原焙烧。

将盛有赤泥生料的石墨坩埚放入电阻炉,待电阻炉炉腔温度升至 1150 ℃后开始计时,进行还原焙烧,60 min 后,关闭电阻炉,自然冷却,制得焙砂。

(3)碱浸浸铝。

称取冷却后的赤泥焙砂,粉碎,按固液比 1∶10 放入 6% 的 NaOH 溶液中进行常温搅拌浸出,搅拌速度 400 r/min,搅拌时长 1 h。

(4)洗涤分离。

将浸出浆液用真空抽滤机抽滤,并用清水洗涤 3 次,滤液移至 1 L 的容量瓶定容,取样化验,滤渣烘干待用。

(5)磁选分离。

磁选实验在 XCGS-50 型磁选机中进行。

每次称取烘干后的浸出渣(滤渣)50 g,按 65% 的磨矿浓度磨细至 96.84%-0.038 mm(磨矿时间 30 min),取出后放入 1 L 的量杯中加水至 800 mL 制成矿浆;为保证物料的分散性,用超声波超声矿浆 1 min 待用。

实验开始前,先引清水将玻璃管清洗干净,随后开启电机和尾矿出水阀,调节水流大小,使玻璃管中清水液面于磁极(35±5)mm 处稳定;此时开启激磁开关调节激磁电流至设定值,然后缓慢均匀地加入充分分散的矿浆,此时微调水流大小依然需保证玻璃管中液面于磁极(35±5)mm 处稳定;待玻璃管出水澄清且无明显悬浮颗粒时,停止加水;待玻璃管中的水放尽后,将激磁电流调至零后,关闭激磁开关,再引入清水将铁精矿冲洗至精矿桶;随后关闭电机和进水阀;最后将所得铁精矿和磁选尾矿过滤烘干后取样化验。

(五)实验结果记录与计算

赤泥质量 $m_1 = $ ＿＿＿＿＿＿ g;

赤泥中铁含量 $R_1 = $ ＿＿＿＿＿＿ %;

活性炭质量 $m_2 = $ ＿＿＿＿＿＿ g;

碳酸钠质量 $m_3 =$ _____ g；

氧化钙质量 $m_4 =$ _____ g；

生料质量 $m_5 =$ _____ g；

焙砂质量 $m_6 =$ _____ g；

铁精矿质量 $m_7 =$ _____ g；

磁选尾矿质量 $m_8 =$ _____ g；

铁精矿中铁含量 $R_2 =$ _____ ％；

铁回收率 $R = (m_1 \times R_1)/(m_7 \times R_2) \times 100\%$。

(六)注意事项

(1)原料混合的均匀程度会直接影响还原反应效率,因此生料制备过程中应当充分混匀。

(2)影响铁还原反应的主要因素有反应温度、反应时间、还原剂的种类及用量,以及添加剂的种类及用量,实验中需对这些因素进行控制。

(3)实验流程较长,操作过程中应减少人为操作造成的物料损失,降低实验误差。

(七)问题与讨论

(1)本实验中,碳酸钠、氧化钙的作用是什么?

(2)赤泥中的铝在本实验中的迁移流向是什么,应如何回收?

实验五十四　废旧纺织品炭化及吸附污染物综合实验

（一）实验目的

通过废旧纺织品制备活性炭实验，了解废旧纺织品应用的广大前景，初步掌握对废旧纺织品基活性炭的制备和其对有机染料吸附的实验方法。

（二）实验原理

废旧纺织品主要是废旧服饰、毛毯、窗帘等织物，以及衣服、材料加工过程中产生的下脚料、回丝、边角料等废料。据报道，全球废旧纺织品产量达到 4000 万吨/年，我国废旧纺织品的产量达到了 2000 万吨/年，其中废旧棉纺织品占主导地位，其主要组成成分为纤维素（＞94％）。活性炭通常被认为是无定型碳，在制作过程中，挥发性有机物被去除后，晶格间的孔隙形成许多大小不同的细孔。这些细孔的孔壁总表面积（即比表面积）一般高达 $500\sim1700$ m^2/g，而且活性炭表面由于有机成分的裂解而携带丰富的极性官能团，能与重金属和有机污染物产生相互作用，这就是活性炭吸附性能强、吸附容量大的主要原因。

目前，物理活化法和化学活化法被广泛地应用在制备活性炭的工艺中，本实验重点研究化学活化法。化学活化法就是利用炭原料与不同的化学活化剂均匀混合、浸渍后，在适宜的温度条件下，原料经过炭化和活化，反应完成后将化学活化剂回收，最终得到活性炭产品。最常用的活化剂是氯化锌、磷酸和氢氧化钾等。

（三）实验仪器和材料

1. 实验仪器

电子分析天平、管式炉（图 54-1）、超声波清洗器、紫外可见光分光光度计、调速多用振荡器、真空干燥箱（图 54-2）。

2. 实验材料

氯化锌、盐酸、亚甲基蓝、硫酸铜（所用药品和溶剂均为分析纯），废旧棉纺织品。

图 54-1 管式炉   图 54-2 真空干燥箱

（四）实验步骤和内容

（1）将废旧棉纺织品清洗、烘干后，剪成约 3 mm 的方块，以备后续使用。

（2）称取 5 g 废旧棉纺织品放于 25 mL 不同浓度 $ZnCl_2$（w/v 为 20％、30％、40％）中，在特定温度下（25 ℃、35 ℃、45 ℃）放置一定时间（1 h、2 h、3 h、4 h、5 h），不同的浓度、温度和时间用于探究不同条件下活性炭的灰分含量和吸附特性。

（3）将以上浸渍好的废旧棉纺织品放于干燥箱，在 60 ℃温度下进行干燥处理。

（4）称取 5 g 干燥的废旧棉纺织品装入石英舟，放入管式炉中进行热解，升温速率为 10 ℃/min，在热解终温 800 ℃下保持 1 h。

（5）将热解完全的活性炭在 100 mL 10％（v/v）HCl 溶液中进行浸泡洗涤 10 min，洗涤完成后用蒸馏水反复清洗，直到 pH 呈中性。

（6）将洗涤完成后的活性炭放于干燥箱中，在 105 ℃温度下干燥 12 h，将干燥好的样品取出冷却后研磨成细粉末，得到黑色粉末状固体产品。

（7）灰分测定。

将样品置于 900 ℃的马弗炉中加热 7 min 后，放入空气中冷却 5 min，然后移入干燥器内冷却至室温后称重。

$$V = \frac{m_1 - m_2}{m_1 - m} \times 100\%$$

式中，V——挥发分（％）；

m——瓷坩埚的质量（g）；

m_1——加热前样品和坩埚质量（g）；

m_2——加热后样品和瓷坩埚质量（g）。

（8）亚甲基蓝吸附值测定。

①称取 3.6 g 磷酸二氢钾和 14.3 g 磷酸氢二钠溶于 1000 mL 水中，配制成 pH 值约为 7 的缓冲溶液。

②亚甲基蓝试剂的配置：亚甲基蓝在干燥过后性质会发生变化，通常所使用的亚甲基蓝是未经过干燥的，所以需要在(105 ± 0.5) ℃下干燥 4 h 后，测定其水分含量。未经干燥的亚甲基蓝样品的取用量按下式计算：

$$m_1 = \frac{m}{p(1-E)}$$

式中，m_1——未干燥的亚甲基蓝的质量(g)；

m——干燥品需要量(g)；

p——亚甲基蓝的纯度(%)；

E——水分(%)。

计算出与 1.5 g 亚甲基蓝干燥品相当的未干燥品的量，称取适量此计算后的亚甲基蓝(称准至 1 mg)未干燥品，置于烧杯中待溶解。将上述配制好的缓冲溶液加热至温度为(60 ± 10) ℃。用此缓冲溶液将烧杯中固体全部溶解，然后将溶液置于 1000 mL 的容量瓶中，用缓冲溶液分次洗涤滤渣，最后用缓冲溶液稀释至标线。

③硫酸铜参比液的配制：准确称取硫酸铜固体($CuSO_4 \cdot 5H_2O$)2.40 g，加入蒸馏水溶解后置于 1000 mL 容量瓶中，将溶液稀释至标线，待用。

④亚甲基蓝试液的标定：准确吸取 10.00 mL 亚甲基蓝溶液置于 200 mL 容量瓶中，用蒸馏水稀释至标线，将溶液摇匀。然后从此稀释液中准确吸取 20 mL 置于 1000 mL 容量瓶中，用水将溶液稀释至标线，将溶液摇匀后，立即用校正好的分光光度计在波长 665 nm 条件下，用光径为 1 cm 的比色皿进行测定，所测定出的吸光度应与硫酸铜参比液的吸光度偏差不应超过±0.01。

⑤活性炭对亚甲基蓝吸附值的测定：取一支 100 mL 具有磨口塞的锥形烧瓶，称取经粉碎至 71 μm 的干燥的活性炭试样 0.100 g(准确称取至 l mg)倒入锥形瓶中。然后向锥形瓶中滴入适量的已标定的亚甲基蓝溶液，待润湿全部活性炭试样后，立即置于调速多用振荡器中振荡 20 min，保持环境温度为(25 ± 5) ℃。振荡结束后，用直径 12.5 cm 的中速定性过滤纸过滤。把滤液置于光径为 1 cm 的比色皿中，将校正好的分光光度计波长调至 665 nm 处，测定滤液的吸光度，而后与硫酸铜标准滤液的吸光度作对照，活性炭试样对亚甲基蓝溶液的吸附值即为所耗用的亚甲基蓝溶液的毫升数。

⑥活性炭试样对亚甲基蓝吸附值的表达方法：活性炭对亚甲基蓝的吸附值可直接以 mL/0.1 g 为单位表示，也可以用 mg/g 为单位表示，其换算公式如下：

$$A = B \times 15$$

式中，A——亚甲基蓝吸附值(mg/g)；

B——亚甲基蓝吸附值(mL/0.1 g)。

(五)实验结果记录与分析

活化温度对活性炭的影响如表 54-1 所示，活化时间对活性炭的影响如表 54-2

所示,活化剂溶度对活性炭的影响如表 54-3 所示。

表 54-1　活化温度对活性炭的影响

活化温度/℃			
灰分含量/(%)			
亚甲基蓝吸附值/(mg/g)			

表 54-2　活化时间对活性炭的影响

活化时间/min				
灰分含量/(%)				
亚甲基蓝吸附值/(mg/g)				

表 54-3　活化剂溶度对活性炭的影响

活化剂溶度/(g/L)			
灰分含量/(%)			
亚甲基蓝吸附值/(mg/g)			

(六)注意事项

活性炭的制备通常包括炭化和活化两个过程。炭化是原料在一定温度和惰性气体保护的条件下,经过一定时间释放出挥发性物质,造成非碳物质减少和碳富集的过程。炭化原料明显失重,但仍保持初始孔隙结构,并且具有一定机械强度。炭化的实质是原料中有机物进行热裂解的过程。活化过程是制备高比表面积活性炭的关键步骤,活化条件会影响活性炭的表面化学结构和孔隙结构。

(七)问题与讨论

(1)活化剂的作用机理是什么?

(2)影响活化效果的因素有哪些,为什么?

实验五十五 废旧棉纺织品热解制备高热值燃气综合实验

(一)实验目的

学会通过废旧棉纺织品的热解,获得含 H_2、CH_4 等可燃性气体的混合气体,并通过调控热解温度、热解时间、升温速率等热解参数,提高热混合气体中 H_2 和 CH_4 的含量,获得较高热值燃气。

(二)实验原理

废旧棉纺织品中不稳定的有机物在无氧或缺氧的条件下,通过加热(目前主要在 1000 ℃以下)使其中的有机物发生裂解反应,从而转化为 H_2、CH_4、CO 等气体以及焦油和残渣。

(三)实验仪器和材料

1. 实验仪器

热解及气体收集装置(图 55-1)、气相色谱仪(Agilent GC-7820A)(图 55-2)、分析天平(图 55-3)。

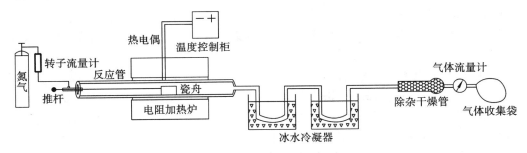

图 55-1　热解及气体收集装置简图

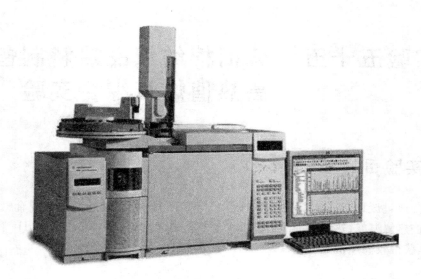

图 55-2　气相色谱仪

2. 实验材料

废旧棉纺织品。

（四）实验内容和步骤

图 55-3　分析天平

（1）将废旧棉纺织品清洗、烘干后，剪成约 3 mm 的方块，以备后续使用。

（2）称取（10±0.5）mg 样品置于瓷舟内。

（3）封闭并打开装置开关，通入流量为 100 mL/min 的高纯氮气，按照预先设定的升温程序，从室温加热到指定温度，并通过湿式气体流量计记录产气总体积，由气体收集装置自动收集热解过程中产生的气体产物。

（4）用气相色谱仪检测气体收集装置中的气体，检测条件如下：进样口温度为 95 ℃，柱温 60 ℃，保持 12.5 min，检测器温度为 230 ℃，载气为氩气，流速 5.0 mL/min，尾吹气流速 3.0 mL/min，参比气流速 20.0 mL/min。每次测试时，使用微量气体进样器，进样体积 10 μL。为保证样品测试的准确性，每个样品测试三次取平均值。记录气体总量和每种单独气体含量，并测试混合气体的热值。

（5）分别在不同热解温度、升温速率、保持时间下按同种方式测试气体产物，找出最优热解条件，获得热值最高的混合气体。

(五)注意事项

(1)热解过程处于高温状态,在操作过程中要注意自身安全。

(2)热解全过程要有人在场,避免安全事故。

(3)整个热解过程须在密闭环境下进行,注意检查装置的气密性,避免实验结果不准确。

(六)实验结果记录

根据实验记录数据,计算废旧棉纺织品气体产物热值。实验数据记录表如表55-1所示。

表 55-1　实验数据记录表

原料	混合气体总量/(L/g)	H_2/(L/g)	CH_4/(L/g)	CO/(L/g)	……	气体热值/(J/kg)
废旧棉纺织品						

(七)问题与讨论

(1)废旧棉纺织品热解的主要气体产物是什么?

(2)废旧棉纺织品产生气体产物的原理是什么?

(3)废旧棉纺织品各气体产物的产量与哪些因素有关?

实验五十六　秸秆类废弃物水热炭化利用综合实验

(一)实验目的

(1)掌握生物质水热炭化的基本流程和操作方法。

(2)了解水热炭化的特点和优势。

(二)实验原理

水热炭化(Hydrothermal Carbonization,HTC)法通常指在密闭反应器内,以水或水溶液为介质,生物质在高温、高压下经过水解、脱水、脱羧、缩聚以及芳构化等一系列复杂反应从而炭化成生物炭的过程。在该过程中,水不仅作为溶剂,也可作为催化剂、反应物和传递能量的媒介参与水热反应中。水热炭化的温度一般介于160～350 ℃,压力一般介于0.5～16.5 MPa,反应体系处于亚临界状态,水的介电常数显著降低,易分解成水合氢离子(H_3O^+)和氢氧根离子(OH^-),特定条件下起酸碱催化作用。此外,亚临界水的极性、分子扩散性和黏度等性质发生改变,会提高对中极性或非极性化合物的溶解能力。同时,体系存在温度梯度,促进溶液间对流和溶质传输。因此,水热炭化一般具有较快的化学反应速率,可将生物质有效转换为高值碳材料,而生物炭的产率和性质与原料类型、温度、时间、pH值等反应条件密切相关。

与其他方法相比,水热炭化技术具有以下优势:制备条件温和,即炭化温度低,无须外界加压,且原料无须干燥、脱水等预处理,大大降低前处理成本;孔结构易调控,简单引入纳米铸造、自然模板或者化学活化、热处理等手段即可实现孔结构调控;制备的碳材料可与其他组分结合形成具有特殊性能的复合材料,如与无机纳米颗粒结合形成具有特殊物理化学性能的复合材料;通过简单的额外热处理即可控制表面的化学官能团和电化学性能,而维持形貌和孔结构不变。由于具备这些优势,生物质的水热炭化成为一种简单、绿色、可规模化应用的技术,此过程中制备的碳材料具备尺寸可控、单分散、纯度高、均一化、富含多种官能团、低灰分等特点,从而在吸附净化、气体储存、催化剂载体、药物输送等许多新技术领域有着巨大的潜在应用价值。

(三)实验仪器和材料

1. 实验仪器

(1)100 mL 不锈钢反应釜(图 56-1),内含聚四氟乙烯套筒。

(2)分析天平。

(3)100 mL 量筒。

(4)不同型号烧杯若干。

(5)循环水真空抽滤泵(含抽滤装置)(图 56-2)。

图 56-1　不锈钢反应釜

图 56-2　循环水真空抽滤泵

2. 实验材料

生物质原料若干。

(四)实验内容和步骤

(1)称取 5 份质量均为 5.0 g 的生物质原料,置于不同的聚四氟乙烯套筒中,向其中加入 50 mL 去离子水,超声混匀,然后密封反应釜。

(2)将反应釜置于烘箱中,分别设置反应温度为 120 ℃、150 ℃、180 ℃、210 ℃、240 ℃,反应时间为 2 h。

(3)反应完成后取出反应釜,冷却后开釜导出混合物,用抽滤泵进行固液分离,得到固体炭化物,在 100 ℃ 条件下烘干,观察不同反应温度下炭产物的外观形貌,并计算得率。

$$Y = \frac{m}{M} \times 100$$

其中,Y——水热炭得率(%);

m——水热炭的质量(g)；

M——生物质原料的质量(g)。

(五)实验结果记录

实验结果记录表如表 56-1 所示。

表 56-1　实验结果记录表

温度/℃	120	150	180	210	240
得率/(%)					
形貌特征					

(六)注意事项

(1)水热炭化反应须在一定压力下进行,反应前要确保已密封好反应釜。

(2)反应釜内部和外部存在较大温差,应等完全冷却后再取出样品,防止被烫伤。

(七)思考与讨论

比较说明水热炭化和热解炭化的区别和各自的优缺点。

实验五十七 化学接枝法制备生物质吸附剂综合实验

(一)实验目的

(1)掌握化学接枝法制备生物质吸附剂的原理和主要方法。
(2)了解农林生物质固废高值化利用的途径。

(二)实验原理

生物质主要包括各种农林废弃物,如稻草、秸秆、树叶、果壳等,具有来源广、产量大等特点。目前绝大多数的生物质被随意堆放或丢弃,不仅浪费了大量资源,而且会造成严重的环境污染。生物质的主要成分为纤维素、半纤维素和木质素,还含有少量的蛋白质、果胶和粗脂肪等,可看作是一类天然的高分子材料(图 57-1)。由于上述成分的存在,生物质具有一定的表面活性,通过物理或化学方法对其进行改性后,可得到性能优异的功能材料,如生物塑料、木塑复合材料、能源材料、环境功能材料等,是近些年生物质实现资源化利用的重要研究方向。其中,以生物质为原料制备性能优良的吸附剂用于治理环境污染可达到"以废治废"的目的,对于环境保护、资源再生与回收利用具有重大而积极的意义。

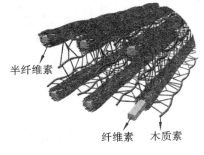

类别	成份/(%)				
	纤维素	半纤维素	木质素	蛋白质	灰分
水稻秸秆	43.3	25.1	5.4	5.6	13.1
玉米秸秆	39.2	29.6	8.2	6.0	6.7
稻壳	34.8	6.0	17.2	3.2	21.9
橡木片	49.7	19.1	5.4	5.6	1.8
甘蔗渣	58.2	9.2	13.4	1.6	0.4
花生壳	45.3	8.1	32.8	4.9	2.3
大豆皮	67.6	13.7	4.9	10.9	3.6
棉花壳	48.7	18.5	22.3	3.5	1.1

图 57-1 生物质的主要成分

目前,生物质的化学改性大多数基于羟基的活性反应来展开,如酯化、醚化、卤化、氧化、接枝共聚等,通过这些方法,可将特定官能团引入生物质结构中。接枝共聚法主要是利用自由基引发乙烯基单体在生物质表面的接枝反应,从而实现生物质的功能化。其反应原理一般是利用氧化还原作用先在生物质大分子上(羟基位点)产生初级自由基,然后使不饱和键的单体与生物质发生亲核连锁反应。通过改变单体种类、单体加入量以及反应条件,实现对生物质吸附剂性能的调控。

本实验以丙烯酸、N,N′-亚甲基双丙烯酰胺为单体,过硫酸铵为引发剂,水稻秸秆为原料,制备生物质吸附材料。该吸附材料用于阳离子污染物(如重金属离子、阳离子染料)的吸附。

(三)实验仪器和材料

1. 实验仪器

(1)250 mL 三口烧瓶。
(2)恒温水浴锅。
(3)高速多功能粉碎机(图 57-2)。
(4)磁力搅拌器(图 57-3)。
(5)烘箱。
(6)分析天平。
(7)100 目标准筛(图 57-4)。
(8)烧杯、玻璃棒若干。

图 57-2　高速多功能粉碎机

图 57-3　磁力搅拌器

图 57-4　100 目标准筛

2. 实验材料

水稻秸秆、去离子水、NaOH、丙烯酸、N,N′-亚甲基双丙烯酰胺、过硫酸铵、无水乙醇。

(四)实验内容和步骤

(1)生物质的预处理:将水稻秸秆用去离子水清洗以去掉表面杂质,然后烘干,用粉碎机粉碎,过 100 目标准筛。

（2）生物质的活化：将 1 g 秸秆粉末浸泡在 20% 的 NaOH 溶液中，在 70 ℃ 温度下活化处理一段时间，以增加生物质表面活性羟基（—OH）的数量，然后滤出固体物质，烘干后保存备用。

（3）生物质的接枝共聚改性：在连接着搅拌器、氮气导管的三口烧瓶中加入 0.05 g 过硫酸铵和 100 mL 水，搅拌，使过硫酸铵溶解，然后加入 1 g 预处理后的秸秆粉末，通入氮气并用水浴锅加热至 70 ℃。用一个小烧杯称取 1 g 丙烯酸加入 50 mL 20% NaOH 溶液中，反应 30 min，然后加入 0.2 g N,N′-亚甲基双丙烯酰胺，混合均匀。将上述溶液加入三口烧瓶中，搅拌，在 70 ℃ 下反应 2 h。

（4）反应结束后，将产物冷却，用无水乙醇和去离子水交替洗涤至 pH 为中性，抽滤、烘干、称重，按下式计算接枝率 GR。

$$GR = \frac{M_1 - M_0}{M_0} \times 100\%$$

式中，GR——接枝率（%）；

M_1——产物（吸附剂）的质量（g）；

M_0——秸秆原料的质量（g）。

（五）注意事项

（1）接枝共聚反应要在 N_2 氛围中进行，整个过程中要保证 N_2 的持续通入。

（2）反应在 70 ℃ 下进行 2 h，应保证水浴锅中水的液面高于三口烧瓶中反应溶液的液面，保证反应温度稳定在 70 ℃ 的同时，防止水浴锅烧干。

（六）思考与讨论

（1）为什么接枝共聚反应要在 N_2 氛围中进行？

（2）本实验制备的生物质吸附剂为何会对阳离子污染物有吸附效果？

实验五十八　稻草类生物质制备人造棉综合实验

（一）实验目的

（1）掌握人造棉的制备方法和原理。

（2）了解生物质资源高值化利用的重要意义。

（二）实验原理

人造棉学名为"普通粘胶纤维"，是再生纤维素纤维。人造棉可以用于纺织，其织物具有质地柔软、滑爽、悬垂性好、透气性强以及穿着舒适等优点，在天然纤维供应日益紧张、价格不断提高的情况下，以稻草为原料来制备人造棉具有重要意义，因为稻草来源充足、成本低，而制成人造棉后，不但避免了稻草的大量浪费，而且会带来较大的经济效益。

稻草类生物质材料（图 58-1）的主要化学成分是纤维素、木质素、半纤维素（戊糖）和灰分。用稻草制备人造棉的过程就是除去原料中木质素和部分半纤维素的过程，通过控制碱液浓度及碱煮时间可得到不同纤维规格产品。在烧碱法稻草蒸煮过程中，烧碱与纤维原料作用，发生如下反应：①与木质素中的羟基（—OH）反应生成可溶性碱木质素，从而与纤维素分离；②与稻草中有机物反应，生成溶于水的组分；③中和由碳水化合物碱性降解而产生的有机酸；④主要无机物成分 SiO_2 与碱反应生成 Na_2SiO_3 溶于溶液中；⑤有少量的碱被纤维所吸附。此外，在蒸煮中还要保留部分未起反应的游离碱，使蒸煮液中的 pH 值在 10.5 以上，以稳定木质素胶体离子，防止木质素沉淀。

（三）实验材料及试剂

稻草（新鲜干爽）；氢氧化钠（分析纯）；硫酸（含量 95％～98％，分析纯）；漂白粉；土耳其红油；肥皂。

（四）实验内容和步骤

（1）备料：清洗稻草，除去杂物、污泥，去掉稻穗、枯叶、根部，用剪刀将稻草剪成长 6 cm 左右的稻草段。

（2）碱化：在碱化锅中放入烧碱溶液，加热至沸腾，待烧碱完全溶解后，投入稻草段煮沸，每隔 20 min 用木棍搅拌一次，维持锅内近沸腾状态，保温碱化至稻草段成熟。

图 58-1　稻草类生物质材料

（3）锤打：将绞干的稻草段用木棒轻轻锤打，使纤维分离。

（4）漂洗：用清水将稻草纤维冲洗至洗涤水 pH 呈中性。

（5）漂白：将纤维绞干，放入漂白缸中，用浓度为 0.5%～1% 的硫酸溶液浸泡约 0.5 h，再加入 10%～16% 稻草重的漂白粉，与纤维充分搅匀，静置 8～24 h。

（6）柔化：在烧杯加入 1 L 水及 15 mL 土耳其红油，放入纤维，滴加 8 mL 硫酸，加热到近沸腾，然后保温 2 h。

（7）皂浴：为改善纤维光泽，用 0.8% 的肥皂水浸泡 24 h。

（8）干燥并梳弹：将所得纤维干燥、梳弹使其蓬松，即得产品。

稻草棉花制备流程如图 58-2 所示。

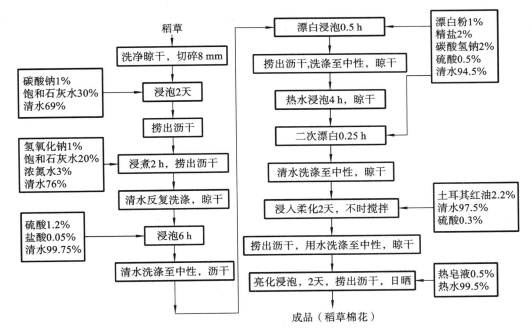

图 58-2　稻草棉花制备流程

(五)注意事项

(1)碱液浓度和碱煮时间对人造棉质量起决定性作用,应对相关参数进行考察和优化。

(2)人造棉采取自然晾干的干燥方式比较好。如在常压条件下烘干或用热风吹干,将使纤维变得脆硬。

(3)制备过程中产生的废液,可以先进行中和预处理再进行氧化处理。

(六)思考与讨论

(1)简述人造棉和天然棉的区别及特点。

(2)用于制备人造棉的生物质应具备什么特点?

实验五十九 植物类残渣制备木质陶瓷综合实验

(一)实验目的

以麦秸、稻草、木屑、甘蔗渣等为原料,采用破碎、混合、浸渍、热压成型、烧结等工艺制备出各温度点下的木质陶瓷,对其密度、气孔率、强度、电阻率等性能进行测试,对其性能特征、形成机理及规律进行分析研究。初步展示了原料配比、酚醛树脂浓度、温度等参数对整个制备过程及木质陶瓷性能的影响。实验结果证明了通过该工艺用麦秸或甘蔗渣等制备木质陶瓷的可行性,同时表明黏结剂和烧结温度对木质陶瓷性能影响很大,实验为麦秸、甘蔗渣等植物残渣的利用开辟了新的途径。为木质陶瓷的研究开辟了新的方向和空间。

(二)实验原理

木质陶瓷由日本青森工业试验场的冈部敏弘和斋藤幸司于1990年开发,是一种采用木材(或其他木质材料)在热固性树脂中浸渍后真空碳化而成的新型多孔质碳素材料,其中的木质材料烧结后生成软质无定形碳,树脂生成硬质玻璃。

木质陶瓷最初用天然木材制造,但由于原木及制品存在轴向、径向、切向上的不均匀性和各向异性、烧结尺寸精度低等问题,后来多采用中质纤维板(MDF,一般气干密度 0.7 g/cm^3 左右,含水量 8% 左右),原料基本上只有板面与板厚方向的性质区别。甲醛树脂在木制品中广泛应用,木质陶瓷制备中常选用酚醛树脂,这主要是由于它价格低廉、合成方便,而且游离甲醛较少,燃烧后只生成 CO_2 和 H_2O,具有环境协调性。浸渍时常采用低压超声波技术以提高浸渍率及其均匀性。碳化过程中伴随着的复杂的脱水、油蒸发、纤维素碳链切断、脱氢、交联和(碳)晶型转变等反应变化机理及控制利用是值得深入研究的。一般来说,木材在400 ℃左右形成芳香族多环,而后缓慢分解为软质无定形碳,树脂在500 ℃以上分解为石墨多环而后形成硬质玻璃碳。玻璃碳以其硬质贝壳状断口而命名,其基本结构为层状碳围绕纳米级间隙混杂排列的三维微孔构造,既有碳素材料的耐热、耐腐蚀、高热导率、高导电性特点,也具有玻璃的高强度、高硬度、高杨氏模量、均质性和对气体的阻透性特点。2000 ℃以上试样基本全部碳化。激光加工因有精度高的突出优点而受到重视。其中脉冲式 CO_2 激光器对木质陶瓷断续加热,热应力较小,能避免加工裂纹的出现,是有前景的木质陶瓷加工工具。

木质陶瓷的残碳率、硬度、强度、杨氏模量和断裂韧性都随含浸率或烧结温度的提高而提高。现有木质陶瓷的断裂韧性很低,为 $0.15\sim0.3$ MPa·m$^{1/2}$,与冰相似,但其断裂应变随浸渍率及烧结温度的降低而升高,为 $1\%\sim10\%$,远高于冰、水泥、SiC 等脆性材料,甚至也高于铝材。木质陶瓷的摩擦系数几乎不受对磨材料的种类、粗糙度、润滑剂和滑动速率的影响,一般稳定在 $0.1\sim0.15$ 之间,但随荷重的增加而有所下降。木质陶瓷结构多孔,润滑油难以形成明显油膜,主要起冷却作用,因此对各种耐热材料在各种对磨速率下都难以降低其摩擦系数。同时石墨的剪切强度不随表面、内部而变化,因此对磨材料的粗糙度也不影响摩擦系数,但荷重的增加将导致木质陶瓷表面间隙减少,从而体现出油膜的效果。其磨损率可控制在 $7\sim10$ mm^3/Nm,现已有木质陶瓷在制动装置和无心磨床上的应用研究。随烧结温度升高,碳化程度的进展,木质陶瓷从绝缘体过渡到导体,其导电率随电频增大而减小。较高的导电性被认为来自 C—C 结合的非极性电子的自由电子状态。根据其电阻值随环境温度、湿度的上升而大致呈线性下降的趋势,可开发出新型温敏、湿敏元件,如测温计、测湿计等。在复电导率中,代表能量损失的虚部较代表极化大小的实部为大,因此木质陶瓷可作电磁屏蔽材料。同时由于木质陶瓷具有多孔结构,可散射、吸收电磁波而减弱反射波。烧结温度超过 700 ℃,木质陶瓷便具有逐渐增强的电磁屏蔽性能,在 1 GHz 内,在 $100\sim500$ MHz 区间有最大电屏性能;而频率越高,磁屏性能越高,可达 50 dB 左右。800 ℃烧结的木材陶瓷的热容数值大于金属而与硅酸盐接近,并随烧结温度升高而降低。木质陶瓷的远红外放射率和放射辉度与黑体相似,前者恒为 80%,与波长无关,远高于一般金属,也与别的陶瓷材料有显著区别。由于人体多靠远红外线获取热量。因此,木质陶瓷极有发展成房屋保暖材料的潜力。

木质陶瓷的最大特点与优点在于环境协调性。其原料——木材是可循环利用的资源,是目前许多枯竭性资源的极具前景的代替品。木质陶瓷的副产品为木醋酸,它是农业土壤改良剂和防虫防菌剂。木质陶瓷使用后仍可作吸附剂,废弃时也可破碎作土壤改良剂,不会造成环境负担。同样重要的是,它使碳得以大量固定(约 172 kg/m^3),有利于温室效应的抑制。虽然木质陶瓷最初的应用设想基于其碳素导电和多孔结构的电磁屏蔽材料,但进一步的研究表明,它有着更广阔的应用前景:①轻量、比强度高,可作构造用材;②硬质、耐磨,可作摩擦材料;③结构多孔,可作各种过滤、吸收材料,以及其他材料的基体;④耐热、耐氧化、耐腐蚀,可应用于高温、腐蚀环境中;⑤导热,有良好的远红外发射功能,是大有前途的房屋保暖材料;⑥经济性好,能大批量生产。

关于木质陶瓷的发展趋势,学界普遍认为最起码应包括以下方面。对麦秸等植物残渣进行木质陶瓷化研究,重点研究植物残渣木质陶瓷化的工艺参数,为木质陶瓷研究开辟新的空间和方向。进一步弄清木质陶瓷的结构,特别是微观结构与性能的关系,以便对木质陶瓷的制备、改性等提供理论支撑。在已经取得的定性或半定量研究结果的基础上,继续进行相关研究,以期做到定量地弄清楚木质陶瓷的各种物理、化学变化机理,以指导应用开发研究。鉴于木质陶瓷的强度不高,研究提高木质陶瓷残碳率并进一步提高木质陶瓷强度的方法,开展各种木质陶瓷复合材料研究,特别是环境协调性好的复合材料的研究,进一步开发出各种新型的生态环境材料。

　　一方面,性能优良的木质陶瓷在生成过程中使用原木未能真正体现木材陶瓷的生态协调性内涵,对原木的使用于环保也是不利的;另一方面,大量堆积起来的麦秸正成为越来越难以处理的废弃物。其实,麦秸、稻草、木屑、甘蔗渣等秸秆的成分与原木相同,完全可以替代原木制备木材陶瓷,而且可实现麦秸等植物残渣的资源化。二者有机结合,用麦秸制备木质陶瓷,既避免了对原木的使用,又实现了麦秸资源化,还制备出性能优良的木质陶瓷,一举多得,真正实现经济效益、环境效益和社会效益的统一。

　　为此,实验以麦秸等为原料,用浸渍、热压等全新工艺制备出坯体,进而烧结出木质陶瓷,以避免对原木的使用,使木质陶瓷这种材料更具生态环境协调性内涵;在木质陶瓷的烧结过程中,拟采用改变升温模式、添加阻燃剂等方法提高木质陶瓷的残碳率,以进一步改善木质陶瓷的抗弯强度等性能;同时,为了提高木制陶瓷的物理性能,添加凹凸棒石黏土,实现碳-碳化物与氧化物的纳米复合,寻求提高木质陶瓷抗弯强度和碳化温度的途径,为木质陶瓷复合材料生产提供理论依据和新的实用途径。

(三)实验装置和仪器

　　(1)天平、烧杯、量筒、搅拌棒等。

　　(2)电热鼓风干燥箱:型号为 HG101-2;最高温度为 300 ℃;控制温度为±1 ℃;加热功率为 3.6 kW;工作室尺寸为 450 mm×550 mm×550 mm。

　　(3)浸渍釜一台(图 59-1):由钢板制成的圆桶,一头有开启的灌盖,罐容积有大有小。

　　(4)微型植物粉碎机:型号为 FZ102;粉碎室内径为 120 mm;最大消耗功率为 0.32 kW;转速为 1000 r/min。

　　(5)油压千斤顶,附自行设计的加热模具,可同时加热加压。

　　(6)管式电阻炉及其配套装置。具体如下。

　　①管式电阻炉(图 59-2):型号为 SK-6-12;额定功率为 6 kW;额定温度为 1200 ℃;炉膛尺寸为 100 mm×100 mm×1000 mm。

　　②热电偶:WRP-120 型铂铑-铂热电偶;分度号为 LB-3;测温范围为 0～1300 ℃;长度为 650 mm。

　　③可控硅温度控制器:型号为 KSY-6D-16;控制功率 6 kW;输入电压 220 V,单相;控温范围 0～1600 ℃,控制精度<3 ℃。

④工业氮气瓶以及工业氮气的洗涤及干燥装置一套。

（7）高温管式真空炉一台：型号为 CVD(G)-09/40/1；炉管尺寸为 $\varphi 80 \times 1200$；最高温度为 1600 ℃；极限真空度 10 Pa。

（8）数显式液压万能实验机一台（图 59-3）：型号为 WES-20；最大实验力为 20 kN，精度为 0.001 kN。

图 59-1　浸渍釜

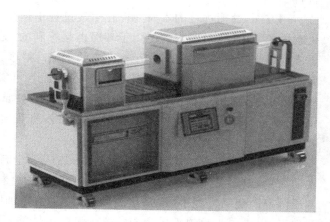

图 59-2　管式电阻炉

图 59-3　数显式液压万能实验机

(四)实验内容和步骤

秸秆生产木质陶瓷流程图如图 59-4 所示。

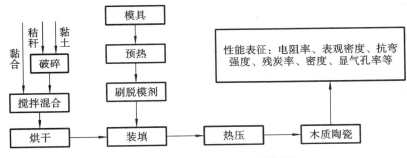

图 59-4　秸秆生产木质陶瓷流程图

将甘蔗渣分成 2 组,配料及其单位分别为:甘蔗渣,g;酚醛树脂,mL;酒精,mL;固化剂,mL。第 1 组按甘蔗渣:酚醛树脂:酒精:固化剂=100:50:50:25 的比例混合均匀,自然晾干后热压成 100 mm×50 mm×5 mm 的试样。混合时加酒精的目的是稀释树脂,使得树脂与甘蔗渣充分浸润混合。第 2 组按甘蔗渣:酚醛树脂:酒精:固化剂=100:70:30:20 的比例混合均匀后压制成试样,试样尺寸与第 1 组相同。

将热压成型的两组试样放入真空炉中,在氮气保护氛围中以 5 ℃/min 的速度分别升温至 300 ℃、400 ℃、500 ℃、600 ℃、700 ℃、800 ℃,在每一温度下保温 4 h 后随炉冷却。

具体步骤如下。

1. 选料

麦秸、稻草、木屑、甘蔗渣等植物残渣的主要化学成分与木材相同,如表 59-1 所示,完全可以代替原木制备木质陶瓷,减少了对原木的使用,实现了废物资源化。甘蔗渣用植物粉碎机破碎,实验所用树脂为热固型酚醛树脂。

表 59-1　甘蔗渣与部分木质材料主要成分

原料名称	多缩戊糖	纤维素	木质素	灰分
甘蔗渣	25.60~29.10	48.20~55.60	18.00~20.00	2.00~4.00
稻壳	16.00~22.00	35.50~45.00	21.00~26.00	11.40~22.00
棉秆	20.76	41.42	23.16	9.47
毛竹	21.12	45.50	30.67	1.10

续表

原料名称	多缩戊糖	纤维素	木质素	灰分
白杨	19.50	59.00	20.60	0.52
桦木	24.90	53.50	22.50	1.17

2. 试样制备和烧结

(1)破碎麦秸、甘蔗渣等植物残渣。

(2)破碎原料过筛。

(3)配制黏结剂。

(4)混合原料。

(5)浸渍。

(6)干燥原料。

(7)设计模具。

(8)预压坯体。

(9)预处理模具。

(10)装模。

(11)合模及排气。

(12)压制坯体。

(13)脱模。

(14)检测坯体。

(15)烧结坯体。

将坯体置于管式电阻炉内,在氮气的保护氛围下,按设定的烧结规程进行烧结。木质陶瓷烧结工艺流程平面示意图如图 59-5 所示。

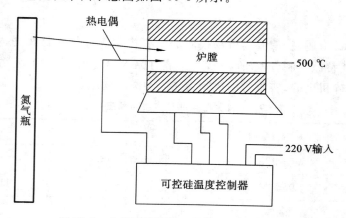

图 59-5 木质陶瓷烧结工艺流程平面示意图

(16)木质陶瓷试样的检测。

(五)注意事项

(1)在木质陶瓷的制造过程中,关键步骤是树脂浸渍及高温烧结木质陶瓷。

(2)在木质陶瓷制造的过程中,要避免发生裂纹和变形,如果不能均匀加热,就会发生部分胀缩,导致裂纹和弯曲产生,为使试样均匀受热,加热速度必须缓慢。

(六)实验结果计算与分析

(1)测定木质陶瓷的残炭率、电阻率、抗弯强度、密度、表观密度和显气孔率等参数。

(2)计算、分析数据并绘制相关曲线图。

(七)问题与讨论

影响木质陶瓷性能表征的因素有哪些?

实验六十　渗滤液污染物在包气带中迁移过程模拟综合实验

(一)实验目的

(1)了解包气带对渗滤液中污染物的净化机理。

(2)了解渗滤液通过包气带土层后污染物浓度的变化规律。

(二)实验原理

垃圾渗滤液具有污染物浓度高、难处理、处理费用高等特点,其污染物包括有机污染物、氨氮、金属离子、溶解性固体等。

垃圾渗滤液直接排放会对地表水体造成污染,若填埋场防渗系统不健全或损坏还可能对填埋场场址区地下水体造成污染。在进入场址区地下水体以前,渗滤液将通过填埋场防渗层以及防渗层和地下水含水层之间的包气带。

在防渗层和下部包气带系统中,渗滤液中污染物的阻滞和迁移主要受下列物理、化学机理和微生物活动的影响。

(1)物理机理。

①对流。污染物以渗流平均流速随渗滤液一起运移传播的现象就叫对流。因对流而迁移的污染物数量与渗滤液污染物浓度和渗流平均流速成正比。

②水动力弥散。水动力弥散包括分子扩散和机械弥散两种。

分子扩散是由污染物浓度梯度引起的污染物组分从高浓度的地方向低浓度的地方运移的现象。当渗滤液流速很低的时候,扩散就成为污染物的主要迁移方式。

机械弥散是由于渗滤液在土壤孔隙中流动时因污染物的流速矢量的大小和方向不同而引起相对于平均流速的离散现象。它主要由单个孔隙通道中流速分布呈抛物线形、渗流通道孔径大小不一样和孔隙本身的弯曲现象所引起。

③物理吸附。物理吸附是因防渗层和下部包气带中的细粒土的范德华力、水动力和电动特性联合作用所引起的污染物滞留现象。相对其他机理而言,物理吸附对污染物的阻滞作用相对较小,但它是去除细菌和病毒的一个重要机理。

④过滤作用。黏土防渗层和下部包气带土粒间孔隙较小,能通过过滤作用去除渗滤液中的悬浮固体、金属沉淀、细菌以及部分病毒。

（2）化学机理。

①沉淀/溶解反应。该反应可在渗滤液通过防渗层和下部包气带时控制渗滤液中污染物的浓度并限制污染物总量。污染物的迁移与阻滞由沉淀-溶解平衡状态方程决定，若污染物浓度高于平衡浓度则产生沉淀，使污染物运移受到阻滞；反之，当渗滤液中污染物浓度低于平衡浓度时，会使沉淀溶解而增加污染物的迁移量。

沉淀/溶解反应对渗滤液中微量金属的迁移特别重要。根据防渗层和下部包气带土-水系统所处氧化还原状态的不同可生成碳酸盐沉淀、硫化物沉淀和氢氧化物沉淀。在 pH 呈中性或碱性的环境中，通过形成沉淀而使金属受到阻滞的作用更加明显。

②化学吸附。化学吸附是由于化学键作用使渗滤液中污染物质被吸附到防渗层黏土颗粒表面的现象。化学吸附具有明显的选择性，它是不可逆的，因而化学吸附对污染物起阻滞作用。

③络合反应。络合反应是指金属离子与无机阴离子、有机配位体形成无机络合离子和金属络合物的反应。络合反应可从两个方向影响渗滤液中污染物的迁移和阻滞：一方面通过形成可溶络合离子大大增加污染组分在溶液中的浓度；另一方面，若形成的络合物特别是有机螯合物存在于固体物质表面和溶液之间，则渗滤液中污染组分浓度会大大降低。

④离子交换。由于土壤黏土矿物晶格中阳离子的取代反应（如硅氧四面体中部分 Si^{4+} 被 Al^{3+} 取代，铝氧八面体中部分 Al^{3+} 被 Fe^{2+} 或 Mg^{2+} 取代）而使晶体中产生了过剩的负电荷（即永久性负电荷）。当形成黏土矿物时，为平衡负电荷，晶层表面会吸附 K^+、Na^+、Ca^{2+}、Mg^{2+} 等阳离子补偿永久负电荷。当黏土与渗滤液接触时，渗滤液中的阳离子就可能与黏土颗粒表面的阳离子产生离子交换反应，高价阳离子置换低价阳离子，半径大的阳离子置换等价但半径小的阳离子。此外，离子交换还受质量作用定律支配。

离子交换能力通常用交换容量 CEC（100 克土样吸附离子的毫摩尔数）来表示，一般 CEC 受黏土矿物组成、有机物种类和数量以及土/水溶液的 pH 值影响。就三种主要黏土的离子交换能力而言，显然蒙脱石＞伊利石＞高岭石。在渗滤液中 Ca^{2+}、Mg^{2+}、K^+、Na^+ 浓度通常比微量金属浓度高，因而这些微量金属不能占据 K^+、Na^+、Ca^{2+}、Mg^{2+} 等的离子交换位置，所以与其他机理相比，离子交换去除微量金属效果并不显著。

实际上，吸附（包括物理吸附）、络合和离子交换过程是很难区分的，通常将这三种机理归结为一种机理来考虑。

⑤氧化还原反应。当渗滤液中的氧化还原电位与土壤溶液中的氧化还原电位不同时，就会发生污染物的氧化还原反应。氧化还原环境的不同会影响微量金属的滞留，以及硫、氮的不同化合物存在方式之间的转化。

⑥化学降解。一些污染物（一般是有机物）在没有微生物参与情况下发生分解

反应而转化成毒性小或无毒的形式。

（3）微生物活动。

微生物活动对污染物的迁移影响是很显著的，氧化还原反应、矿化作用、沉淀/溶解反应以及络合反应都在一定程度上归功于微生物活动。特别是通过微生物的生物降解，复杂有机化合物经过一系列反应后会分解成简单有机物甚至无机物，从而使有机污染物得到很大幅度的去除。

通过渗滤液在包气带土层中迁移的实验，理解上述反应对渗滤液污染物的去除机理和净化效果，体会填埋场选址对地下水水位要求的重要性。

本实验采用法国产 PASTEL-UV 快速测定仪一次性测定渗滤液和渗出液的 COD、BOD、TOC、NO_3^-、TS、DBS 浓度。渗滤液量的测定用量筒来完成。

（三）实验装置和仪器

包气带、PASTEL-UV 快速测定仪（图 60-1）、有机玻璃柱（图 60-2）。

图 60-1 PASTEL-UV 快速测定仪

图 60-2 有机玻璃柱

（四）实验内容和步骤

1. 土柱装填

在有机玻璃柱中装入土料，装土完毕后量测土层厚度。

2. 渗滤液

取一定量的渗滤液，稀释到 COD 浓度为 500 mg/L 左右，用 PASTEL-UV 快速测定仪进行 COD、BOD、TOC、NO_3^-、TS、DBS 浓度的监测，并记录在表中。

3. 淋滤渗滤液

将稀释后的渗滤液加入实验土柱上部的注水容器,开启阀门并开始计时。

4. 渗透速率的监测和取样

渗滤液从土柱底部渗出后,立即记录时间,并取 10 mL 左右渗出液进行 COD、BOD、TOC、NO_3^-、TS、DBS 浓度的监测。之后每隔一定时间对渗滤液渗出量和浓度进行同步监测,前期监测间隔时间可稍短(3~5 min),后期间隔时间可适当延长(15~30 min)。

(五)注意事项

注意控制装土压实密度,过密将延长实验时间,过松将影响净化效果。

(六)实验结果记录与绘图

实验记录表如表 60-1 所示。

表 60-1　实验记录表

序号	0	1	2	3	4	5	6	7	8	9	10
取样时间	进水										
时间差/min											
渗透水量/mL											
渗透速率 /(mL/min)											
COD 浓度 /(mg/L)											
BOD 浓度 /(mg/L)											
TOC 浓度 /(mg/L)											
NO_3^- 浓度 /(mg/L)											
TS 浓度/(mg/L)											
DBS 浓度 /(mg/L)											

绘制渗出液污染物浓度变化趋势图(图 60-3~图 60-6)。

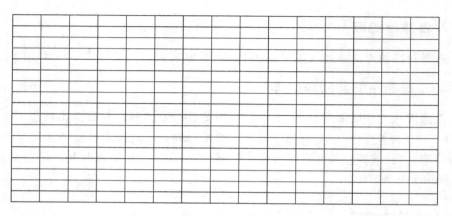

图 60-3　渗出液 COD 浓度变化趋势

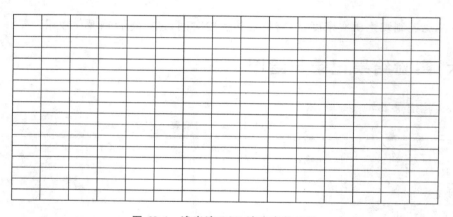

图 60-4　渗出液 BOD 浓度变化趋势

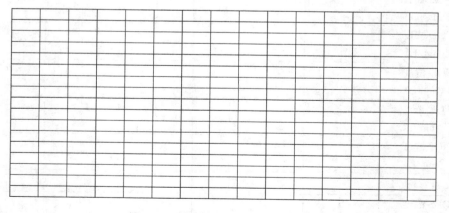

图 60-5　渗出液 NO_3^- 浓度变化趋势

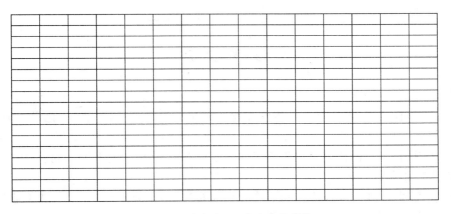

图 60-6　渗出液 TS 浓度变化趋势

(七)问题与讨论

(1)若实验土料换成施工防渗层用的黏土,实验结果会有哪些差异?

(2)若该实验长期运行,试想实验结果的变化趋势如何,并说明理由。

(3)提出优化实验的改进意见与建议。

参 考 文 献

[1] 王攀,任连海.典型有机固体废弃物资源化利用技术[M].北京:化学工业出版
     社,2021.

[2] 沈卫国.工业固体废弃物生态路面基层材料的制备与应用[M].北京:中国建材
     工业出版社,2021.

[3] 拉奥,苏丹娜,克塔.固体和危险废弃物管理[M].天津开发区(南港工业区)管
     委会,译.北京:中国石化出版社,2019.

[4] 刘泽.固体废弃物制备地质聚合物[M].北京:中国建材工业出版社,2021.

[5] 北京大学化学与分子工程学院实验室安全技术教学组.化学实验室安全知识
     教程[M].北京:北京大学出版社,2012.

[6] 赵新华.化学基础实验[M].2版.北京:高等教育出版社,2013.

[7] 刘振学,王力.实验设计与数据处理[M].2版.北京:化学工业出版社,2015.

[8] 徐德强,王英明,周德庆.微生物学实验教程[M].4版.北京:高等教育出版
     社,2019.

[9] 张爱华,蒋义国.毒理学综合实验教程[M].北京:科学出版社,2017.

[10] 解强.城市固体废弃物能源化利用技术[M].2版.北京:化学工业出版
      社,2019.

[11] 孔鑫.城市有机生活垃圾处理新技术及应用[M].北京:化学工业出版
      社,2020.

[12] 魏泉源,吴树彪,阎中,等.城市餐厨垃圾处理与资源化[M].北京:化学工业出
      版社,2019.

[13] 岑可法,倪明江,严建华,等.可燃固体废弃物能源化利用技术[M].北京:化学
      工业出版社,2016.

[14] 李申,徐婧,赵茜瑞.环境保护与固体废弃物处理技术[M].北京:中国石化出
      版社,2019.

[15] 朱芬芬.生活垃圾焚烧飞灰中典型污染物控制技术[M].北京:化学工业出版
      社,2019.

[16] 黄天勇.尾矿综合利用技术[M].北京:中国建材工业出版社,2021.

[17] 汪群慧.固体废物处理及资源化[M].北京:化学工业出版社,2004.

[18] 李秀金.固体废物工程[M].北京:中国环境科学出版社,2003.

[19] 宁平.固体废物处理与处置[M].北京:高等教育出版社,2007.

[20] 赵由才.生活垃圾资源化原理与技术[M].北京:化学工业出版社,2002.